QUELQUES ÉTUDES

SUR

L'HORLOGERIE

A

L'Exposition universelle de Paris 1889

PAR

D. ROUSSIALLE

PRÉSIDENT DE LA CHAMBRE SYNDICALE DES HORLOGERS DE LYON

Délégué-rapporteur à l'Exposition nationale de Zurich 1883
et à l'Exposition universelle de Paris 1889

LYON
IMPRIMERIE A. WALTENER ET Cie
14, rue Belle-Cordière, 14

1890

QUELQUES ÉTUDES

SUR

L'HORLOGERIE

A

L'Exposition universelle de Paris 1889

PAR

D. ROUSSIALLE

PRÉSIDENT DE LA CHAMBRE SYNDICALE DES HORLOGERS DE LYON

Délégué-rapporteur à l'Exposition nationale de Zurich 1883
et à l'Exposition universelle de Paris 1889

LYON

IMPRIMERIE A. WALTENER ET Cie

14, rue Belle-Cordière, 14

1890

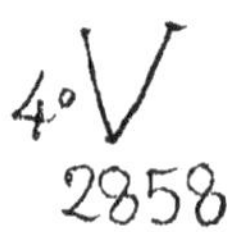

AVANT-PROPOS

A MESSIEURS LES MEMBRES DU CONSEIL DE LA CHAMBRE SYNDICALE DES HORLOGERS DE LYON

Mes chers Amis,

La mission que vous m'avez confiée témoigne une fois de plus de l'estime que vous voulez bien m'accorder. J'en suis à ce titre fier et honoré; et le premier besoin que j'éprouve ici, tout d'abord, c'est de vous exprimer ma profonde gratitude.

Ce n'est pas sans une certaine appréhension que je vais maintenant livrer à vos méditations le résultat de mes études à l'Exposition universelle. J'ai le sentiment de mon profond dévouement à notre profession; j'ai aussi celui de votre extrême bienveillance à mon égard. Je sais qu'il ne se présentera guère pour moi de meilleure occasion de vous bien faire connaître comment j'entends servir l'une et reconnaître l'autre; aussi conserverai-je, jusqu'à la fin de ce travail, la crainte de n'y avoir point pleinement réussi. Je me suis du moins efforcé de vous être utile, et le but que je me propose est, par suite, de vous donner, sous la forme la moins ambitieuse et la plus simple, une idée nette des choses remarquables et venues de tous les pays du monde, réunies à l'Exposition universelle que vous n'avez pu visiter tous.

Je me hâte de dire que mon exposé sera forcément incomplet. Il n'est ni toujours aussi facile qu'on le supposerait, ni souvent possible à un seul homme ou mis aussi bien qu'il conviendrait à sa portée, d'observer et de noter absolument tout ce qu'il y a d'intéressant dans une Exposition dont le développement se déploie sur un très large plan. Mais les lacunes de mon rapport seront, je l'espère, en majorité comblées par une série d'autres travaux, qui viendront au secours du mien et se complèteront les uns les autres. A ce titre, le « Concours des Rapports », institué sur ma proposition, pourra vous donner bientôt la mesure de sa valeur propre. Je la crois d'ailleurs considérable; et j'éprouve une certaine fierté d'avoir été, près de vous, le promoteur de l'idée d'où ce concours est issu.

J'ai souvent introduit, dans les pages qui vont suivre, des idées et des réflexions tout à fait personnelles. J'ai pensé, en effet, que dans un travail tel que celui que j'avais entrepris, il peut, il doit même y avoir toujours place, à côté des descriptions purement techniques, pour l'étude des conditions générales, scientifiques, professionnelles et même morales, qui ont pour ainsi dire commandé les constructions et les découvertes. Toute modification, tout progrès, dans une industrie et même dans une science, ne sont-ils pas amenés par les besoins, les nécessités et les préoccupations de chaque moment? Ce pourquoi des choses, *que je chercherai avec vous en chaque occasion, ne nous offre-t-il pas aussi comme des prétextes de halte, précieux moments de repos de l'esprit dans la sorte de voyage d'exploration que nous allons entreprendre ensemble?*

ROUSSIALLE.

15 octobre 1889.

QUELQUES ÉTUDES

SUR

L'HORLOGERIE

A

L'Exposition universelle de Paris 1889

I

En février 1886, la Chambre syndicale des horlogers de Lyon recevait de M. le Ministre du Commerce et de l'Industrie, une circulaire l'invitant à se prononcer sur le choix d'une Exposition nationale ou internationale en 1889.

A la suite d'une délibération à ce sujet, la Chambre syndicale émit un avis en faveur d'une exposition universelle.

Toutes les Chambres de commerce, toutes les Chambres syndicales industrielles reçurent en même temps la même invitation et donnèrent pour une exposition universelle une majorité irrésistible.

A peine la décision ministérielle prise, des flots d'encre furent épuisés pour la combinaison, pour l'organisation qui offrait des difficultés incroyables à surmonter.

Les Commissions nommées se mirent à l'œuvre, chacune dans sa sphère respective, et de tous côtés, en France, en Europe, sur tous les points du globe, commença ce travail gigantesque qui, en peu de temps, devait transformer le Champ-de-Mars, l'Esplanade des Invalides en jardins féeriques, au milieu desquels s'élevèrent des palais, des habitations exotiques de toutes formes, charmantes et gracieuses.

Les uns ont travaillé à élever ces palais, ces habitations diverses et les autres à les combler, à les garnir des merveilles de l'art, de la science, de l'industrie.

Qui reconnaîtrait aujourd'hui ce vaste espace d'autrefois, blanc de sable scintillant, poussiéreux, aveuglant les rares passants qui osaient l'affronter en juillet et août ? On aurait pu se croire dans le désert du Sahara.

Comme par enchantement, tout est changé. Une fée bienfaisante a frappé de sa baguette magique ce sol aride et des gerbes d'eau étincelantes, rouges, bleues, blanches, jaunes, fontaines lumineuses, ont jailli du sol. donnant une fraîcheur délicieuse à cette atmosphère embrasée par les rayons d'un soleil d'été. Des pelouses verdoyantes, des groupes de plantes rares et de fleurs odorantes parsemées çà et là, avec art, entourent de magnifiques bassins et leur servent de cadres, et des palais, de coquettes habitations se sont élevés au milieu de cette oasis improvisée, si chatoyante, si belle, si miraculeuse.

L'ensemble me paraît comme un immense bouquet de fête offert par notre chère patrie à l'Univers convié;

A l'Univers, qui a répondu d'une façon si touchante à cet appel généreux et sincère.

Quel symbole de paix, et partant, de bonheur assuré et de prospérité!

II

Après avoir donné un coup d'œil rapide à l'ensemble, nous ne nous attarderons pas à vous répéter ce que vous connaissez tous, par les diverses publications dont les auteurs érudits ont donné des détails plus ou moins imagés, mais toujours au-dessous de la vérité; c'est notre propre impression, car aucune plume ne peut décrire ce qu'un homme sensible, impressionnable, éprouve à première vue devant toutes ces merveilles.

A chaque pas surgit un nouvel étonnement qui nous retarde du but que nous voulons atteindre : vous instruire des nouveautés, des progrès faits en horlogerie.

Permettez-nous cependant de surseoir aux études qui vous intéressent, en nous arrêtant un instant devant le triomphe de l'intelligence, qui prouve une fois de plus que le travail, la persévérance, le génie, enfantent des merveilles ; nous avons nommé la Tour Eiffel.

La Tour Eiffel, cette géante des constructions antiques et modernes, toute de fer, pèse sept millions de kilogrammes, mesurant trois cents mètres en hauteur, est posée sur quatre piliers distants de cent cinquante mètres d'axe en axe. Elle semble, par son poids colossal, vouloir tout écraser, mais à l'œil paraît au contraire légère, aérienne, tant sa forme est gracieuse et bien découpée.

Elle se dessine admirablement sur l'horizon, tantôt d'un bleu clair ciel du nord, tantôt d'un blanc mat ; profilant en traits sombres sa silhouette svelte, élancée. Oh ! elle ressemble ainsi, la Tour Eiffel, à un point d'admiration posé en tête de cet immense Eden, l'Exposition.

Comment résister à ce sentiment nouveau qui vous saisit, comment résister à l'envie de donner à cet homme de génie, à ce grand architecte français, un témoignage de satisfaction, de fierté patriotique ? Le plus simple moyen, le plus palpable à notre avis et c'est ce que nous avons fait, est de jouir du panorama splendide qu'il offre du haut de sa tour, auquel il nous est permis — moyennant cent sous — d'arriver, sans secousse aucune, sans fatigue et toujours sous l'impression agréable d'une ascension de trois cents mètres.

Vous décrire le panorama de l'immense horizon qui s'offre à notre vue étonnée ce serait par trop sortir de notre cadre, n'est-ce pas? Mais qu'il nous suffise de dire que vue du sommet de la Tour Eiffel, cette œuvre prodigieuse de la science moderne offre un spectacle étourdissant. Le Champ-de-Mars, les colossales constructions qui l'envahissent, le Trocadéro et les Invalides réunis, l'éblouissant éclat des couleurs, l'inconcevable gaîté et l'animation de la scène, tout produit sur l'esprit déjà prédisposé une impression telle que jamais invention humaine n'en a créé.

Nous allons visiter d'autres merveilles, mais celles-ci lilliputiennes, même microscopiques et qui charmeront également notre esprit et nos yeux.

III

Sous le charme troublant qu'on ressent à contempler l'ensemble si grandiose de l'Exposition, il est impossible de juger froidement et par conséquent sainement les détails qui la composent. On est vraiment empoigné, tout d'abord, c'est bien le mot; la vue éblouie de la magnificence de tout ce qu'on voit, ne transmet à l'esprit qu'un sentiment d'admiration.

Ce n'est donc pas sous l'empire de cette fascination toute naturelle que l'on peut commencer un travail d'études; tout en souffrirait, la vérité elle-même.

Il faut que l'esprit s'habitue à l'éclat éblouissant de ces grandes et belles choses que le génie français a su agglomérer dans un espace relativement restreint.

Tout ceci dit, nous entrons dans le vif de notre sujet, l'Horlogerie.

Cette branche de l'Industrie n'est certes pas la moins intéressante à l'Exposition; malheureusement elle cache souvent à la connaissance du vulgaire ses travaux admirables, surprenants, qui ne se découvrent qu'avec l'aide de la loupe qui arme l'œil du connaisseur.

Notre plan n'est pas de donner la description de chaque vitrine d'exposant, de détailler chaque objet, de donner chaque nom, chaque adresse.

En désignant la valeur artistique plus ou moins élevée de chaque chose, nous nous répéterions trop souvent; car la quantité d'articles qui se ressemblent dans chaque catégorie est considérable.

Nous nous bornerons à étudier à part tout ce que nous croyons pouvoir vous être utile soit au point de vue industriel, commercial, soit au point de vue scientifique.

Heureux serons-nous, si nous pouvons avoir la bonne fortune de réussir en un point quelconque du programme que nous a dicté l'amour de notre chère profession et la sympathie sincère qui nous unit.

L'horlogerie dans son ensemble — sections française et étrangère — compte près de six cents exposants.

France	281	565
Suisse	147	
Grande Bretagne	13	
Etats-Unis	5	
Norwège	3	
Espagne	2	
Autriche-Hongrie	2	
République Argentine	2	
Italie	1	
Japon	1	
Roumanie	1	

Dans ces chiffres ne sont pas comptés les nombreux ouvriers qui, dans plusieurs centres producteurs français et suisses, ont exposé en collectivité.

Honneur à tous ces braves et bons ouvriers, qui ont bien voulu prendre part à ce grand tournoi industriel et scientifique et qui ont donné, par ce fait, un grand exemple à leurs camarades; grand exemple de travail, d'amour et de foi pour notre belle et noble profession : Oui, noble profession pour les nombreux et grands services qu'elle rend chaque jour à l'Astronomie, à la Marine, à la Physique, à la Chimie, à l'Industrie.

C'est un auxiliaire précieux de chaque instant de la vie humaine et chacun s'en sert avec indifférence, avec exigence, sans se douter le moins du monde de tout ce que cette profession exige de science, de difficultés à vaincre.

Pour que l'œuvre d'un peintre soit vivante et grandiose, pour que l'œuvre d'un virtuose soit sublime, céleste, il faut que l'âme de l'artiste y passe entière.

En peut-il être autrement pour ces chefs-d'œuvre de génie qu'on appelle régulateurs astronomiques, chronomètres de marine, montres compliquées, admirables conceptions originales, de combinaisons hardies, d'une habileté d'exécution merveilleuse ?

Eh bien ! de tout cela, le vulgaire ne voit que la forme extérieure, ne saisit que les résultats, sans savoir au juste ce qu'il a fallu de travail, de patience, d'intelligence pour donner la vie à la matière brute, inerte, en faire un petit instrument donnant les divisions microscopiques du temps, 1/100e de seconde ! Et dire qu'un mécanisme d'une telle délicatesse, battant par jour 432,000 vibrations ou tics tacs, peut fonctionner avec une régularité étonnante, avec un écart parfois insaisissable.

L'homme bien doué, qui a le sentiment du beau, qui possède la délicatesse dans la perception de ce qu'il voit, de ce qu'il entend, de ce qu'il touche, qui sait admirer, deviner la grandeur de la pensée d'un artiste dans une ligne architecturale, sculpturale, dans un coup de burin, dans un coup de lime, dans un trait de pinceau, celui-là seul peut rester en extase devant un chef-d'œuvre d'horlogerie.

Il n'est donc pas difficile alors de comprendre pourquoi tant d'artistes horlogers exercent leur profession avec tant d'amour et de passion, et ils sont nombreux les artistes d'élite qui présentent à l'Exposition leurs propres œuvres.

Classe XXVI. — Section française.
Horlogerie monumentale.

IV

La section française est naturellement la plus importante.

Poussée par un sentiment d'orgueil, d'amour national, la France a fait des prodiges pour recevoir dignement ses invités.

Parée de tous ses atours, elle a tenu à prouver sa supériorité sinon en tous points mais au moins dans la force de sa vitalité.

Y a-t-il, en effet, un pays qui après de si grands désastres et si récents, qui après avoir perdu son sang et son or par tant d'horribles blessures, puisse se montrer si beau, si grand, si gai et si généreux et si confiant en l'avenir?

*
* *

La section d'horlogerie est formée de trois catégories bien distinctes.

L'horlogerie monumentale ou de clochers, d'usines, châteaux, chemins de fer.

L'horlogerie plus délicate, comprenant les régulateurs de précision, les pendules d'appartements, pendules de voyage, les réveils.

Et enfin l'horlogerie portative, les montres depuis le chronomètre de poche jusqu'à la patraque du prix le plus infime.

Dans toutes ces catégories, les artistes ont rivalisé de zèle, surtout dans la belle horlogerie; chacun a fait de grands sacrifices de temps et d'argent. Car voilà bien des instruments horaires, qui ont été conçus, faits ou terminés en vue de l'Exposition de 1889, et qui pourraient maintenant rester bon nombre d'années sans que le constructeur pût retrouver une partie de ses dépenses.

La preuve en est dans la présence à cette Exposition de différentes pièces qui ont déjà été vues en 1878, même en 1867.

Une pièce de précision ne trouve pas toujours acheteur, son prix, en raison directe de son mérite, étant toujours élevé.

C'est ce revers de la médaille qui fait hésiter, même renoncer beaucoup d'artistes de talent, dont le modeste avoir ne permet pas de sacrifice, fût-il minime.

Ces mécomptes que nous venons de signaler se produisent dans toutes les branches de l'industrie représentée au Champ-de-Mars, et ne sont pas certainement les seuls motifs qui retiennent tel ou tel fabricant.

Examinons d'abord les causes déterminantes, nous trouverons peut-être là des motifs d'abstention.

Les uns, les producteurs, les grands, les vrais, ont en vue l'écoulement de leurs produits, non seulement dans leur propre pays, mais ils veulent agrandir leurs affaires en raison de la masse de leur production, s'ouvrir le chemin des marchés étrangers, se faire connaître des commissionnaires du monde entier.

Quelques-uns de ceux-là, les pessimistes, en font une question d'honneur industriel, tout en affirmant que les expositions en France ont toujours donné, au point de vue économique, des résultats très discutables et que le travail national n'en a jamais tiré profit.

Ils prétendent que le résultat le plus clair de ces grandes exhibitions, c'est que nos rivaux viennent y étudier nos procédés de fabrication, copier nos modèles, embaucher nos ouvriers et nous font ensuite concurrence, non seulement à l'étranger, mais même sur notre propre marché.

Laissons ces pessimistes à leurs idées noires, et contentons-nous de leur répondre qu'il se fait des expositions universelles dans tous les pays, et que les Français peuvent aller y puiser l'équivalent de ce qu'on prend chez eux.

Nous revenons aux exposants et nous dirons que d'autres, plus modestes, qui écoulent leurs produits dans un cercle plus restreint, présentent leurs œuvres pour traiter sur place et aussi avec l'espoir d'obtenir une récompense quelconque qui rehausse leurs maisons en imageant leurs entêtes de factures.

D'autres, n'exposant que des produits achetés, les revendent là avec de jolis bénéfices en attendant une médaille d'or ou d'argent, qu'un jury trop généreux leur décerne souvent, pour le bon goût et l'éclat qu'ils ont mis à présenter leurs marchandises.

En un mot, l'Exposition de 1889 est la plus belle et la plus brillante qu'on ait vue à ce jour, mais qui ressemble à un certain point de vue à toutes ses devancières.

C'est que, malgré la défense formelle de vendre les objets internés, beaucoup d'exposants prennent l'exhibition pour un vaste bazar où ils ont boutiques ouvertes, où on fait des affaires plus qu'ailleurs et où il est plus facile de voler le bon public.

Il est évident cependant qu'une exposition comme celle-ci, qui possède tout ce qu'on peut rêver de beau, d'attrayant, a quelques ombres au tableau. Hélas! c'est le sort de toutes les choses humaines.

Tous ceux qui possèdent quelques économies sont attirés vers la capitale, et y dépensant toujours plus qu'ils ne pensaient, veulent reboucher le vide fait à leur escarcelle, se privent ensuite et n'achètent plus rien de longtemps.

La province pour cela en souffre beaucoup. Mais espérons que cette quantité d'or semée à Paris, non seulement par la France, mais par un nombre incalculable d'étrangers, s'écoulera lentement et que dans peu nous aurons aussi notre part aux bénéfices de notre capitale.

Si nous avons quelques critiques à formuler sur une certaine catégorie d'exposants, nous avons aussi à adresser des louanges, des hommages à rendre à ceux qui, tout dévoués, ont fait des sacrifices immenses pour l'Art, rien que pour l'Art, et qui trouvent et s'en contenteraient, leur juste récompense dans la satisfaction du bien qu'ils font.

Nous parlons d'abord de ceux qui, dans l'Horlogerie monumentale, ont maintenu par leur intelligence, leurs travaux, cette branche industrielle, au dessus de toute rivalité.

Nous disions dans un rapport sur l'Exposition nationale suisse à Zurich, en 1883, quelques mots qui sont aujourd'hui, après six ans, pleins d'actualité et que nous sommes heureux de reproduire en cette circonstance.

« Si dans cette branche de l'industrie horlogère, l'horlogerie porta-

« tive, nous sommes inférieurs à notre charmante voisine, — la Suisse —
« pour l'horlogerie de marine ou chronométrie proprement dite, dont la
« perfection atteint presque l'idéal; pour l'horlogerie d'appartement,
« pendules de cheminées, pendules de voyage, dont la gracieuseté des
« formes, la finesse, le bon goût des ornements et la multiplicité des
« modèles montrent à tous la hauteur de notre talent artistique; pour la
« grosse horlogerie de clochers, châteaux, usines, chemins de fer,
« édifices quelconques, nous pouvons le dire hardiment, nous marchons
« en tête de toutes les nations. »

*
* *

L'horlogerie monumentale offre par la diversité de ses combinaisons mécaniques, ingénieuses, un champ d'études assez intéressant, quoique en somme, nous ne trouvions rien de nouveau dans les principes connus, nous admirons les originalités dans les dispositions et nous constatons en général une bienfacture parfaite.

Le nombre d'horloges publiques exposées en 1878 était plus considérable. Morez (Jura), grand centre producteur de ce genre d'horlogerie, en présente à peine quelques-unes.

Cependant nous connaissons bon nombre de fabricants émérites, dont nous regrettons l'absence que nous ne nous expliquons pas. Ce qui procure l'occasion de dire que les expositions ne donnent pas toujours la mesure exacte de la valeur de la production d'un pays.

Cette entente des fabricants comtois de ne rien présenter à cette magnifique Exposition, pas plus en horloges qu'en montres, viendrait-elle d'un des motifs énoncés plus haut? C'est probable, car autrement on pourrait croire à une bouderie. Non, la bouderie est un défaut qui ne peut prendre racine dans le caractère français, si franc, si gai, si généreux.

Les Comtois ont eu crainte d'être copiés, imités par cette nuée de rapaces venant d'un pays qui s'est abstenu complètement et pour cause, venant d'un pays, disons-nous, qui envoie ses vautours pour piller et voler le sol et ses ingénieurs pour voler l'industrie.

Dans tous les cas, cette abstention d'un centre aussi important que Morez est regrettable, parce qu'il est certain qu'il eût remporté une bonne part des lauriers décernés, comme étant des fabricants loyaux, consciencieux, faisant bien et bon marché.

La tendance exprimée clairement dans la fabrication d'horloges publiques est l'adjonction du mécanisme de remontoir d'égalité, soi disant force constante; presque toutes en sont munies et c'est réellement une amélioration.

Le principal élément d'un bon réglage vient de ce que le pendule, ce modérateur du rouage, reçoit toujours la même impulsion qui entretient l'uniformité de ses oscillations; ce qui est impossible si l'échappement reçoit sa force directe du poids, car cette force, avant d'arriver au dernier mobile, subit souvent, très souvent, des perturbations soit par l'inégalité des engrenages, soit par la longueur des transmissions aux cadrans et la multiplication des engrenages angulaires, soit enfin par les coups de vent violents qui ébranlent les aiguilles.

Or, en ce temps de progrès, où tout s'améliore dit-on, il est tout naturel qu'on ait songé à obvier à ces inconvénients et le remontoir d'égalité est une excellente chose. On peut, sans inconvénient, augmenter le poids, suivant le nombre et le diamètre des cadrans et leur éloignement de l'horloge, sans que l'échappement en subisse l'influence.

Ces nombreux systèmes de remontoir d'égalité ne diffèrent entre eux que par le laps de temps qui s'écoule entre chaque fonction, lequel dépend du dispositif plus ou moins original du mécanisme de l'horloge.

Aux unes le remontoir fonctionne toutes les minutes, aux autres toutes les trente, ou quinze, ou dix, ou cinq secondes.

Celle de Lepaute, que tous les connaisseurs ont pu admirer dans la classe XXVI et qui est réellement merveilleuse dans toutes ses fonctions savamment combinées, aussi bien que dans l'exécution de toutes ses pièces qui forment un véritable chef-d'œuvre, est également à remontoir d'égalité et approche le plus de l'échappement à force constante. Son système fonctionne toutes les trois secondes; c'est dire qu'il est le plus près possible des fonctions de l'échappement.

Cette magnifique horloge, commencée par Lepaute père et terminée par son fils, est destinée à l'Hôtel de Ville de Paris. C'est un présent, offert par le constructeur à la ville de Paris, à la France.

Heureux ceux qui ont le cœur si bien placé et à qui la fortune permet de faire des présents de cette valeur.

M. Lepaute fils suit les traditions de sa vieille et importante maison, il est, comme était son père, un ingénieur distingué, un artiste éminent, en un mot, un homme d'élite.

Ce beau cadran soleil, placé à l'entrée du Dôme central, est mû par une horloge sortie des ateliers de Lepaute.

Parallèlement à cette maison, nous pouvons placer celle de Paul Garnier, qui, comme la première, de père en fils, soutient et augmente cette vieille réputation, l'honneur et la gloire de cette industrie essentiellement française.

M. Paul Garnier expose des régulateurs de précision et des horloges d'une belle exécution, donnant l'heure au public visiteur dans différentes galeries. Il est, chacun le sait, horloger et fournisseur du P.-L.-M. et possède des ateliers de construction d'horloges de grandes et petites dimensions pour extérieurs de gares et voies ferrées.

Plusieurs de ses horloges et régulateurs présentés possèdent des systèmes de transmission électrique pour remise à l'heure ou pour cadrans récepteurs.

La manufacture de MM. Chateau père et fils présente des spécimens, peut-être d'un fini moins remarquable, mais néanmoins d'une exécution sérieuse et belle, qui la place également au premier rang.

MM. Chateau fabriquent des contrôleurs de rondes d'une disposition particulière et fort appréciée. Ils s'occupent aussi de l'application de l'électricité à l'horlogerie.

Encore une maison que nous ne pouvons oublier de citer, c'est celle de J. Wagner, dont la réputation est faite en France et à l'étranger. M. A. Borrel, son élève et son digne successeur, possède les talents et le génie qui assurent la prospérité.

On peut dire que chacune de ces maisons est l'émule des autres pour la valeur ingénieuse et la bienfacture des instruments qu'elles construisent.

M. Borrel expose des produits admirablement traités, des horloges de grandes dimensions, des régulateurs de précision, des compteurs et enregistreurs de toutes sortes.

Entre autres deux pendules synchronisés, qui ont attiré notre attention.

L'unification de l'heure par le synchronisme est un problème résolu par plusieurs artistes éminents, qui ne diffèrent que par le système employé.

Celui que présente M. Borrel est de M. Cornu, membre de l'Institut; il a su en faire une application concluante.

M. Borrel, très affable, a bien voulu nous donner des détails, que nous nous sommes empressé de noter et que nous reproduisons dans ce rapport, certain qu'ils seront bien accueillis.

Disons, d'abord, que le synchronisme est la marche uniforme, semblable, de deux ou plusieurs pendules, dont l'un commande les autres, comme si ces pendules étaient reliés par une tige rigide.

L'application de l'électricité à la synchronomisation des pendules date de plusieurs années, mais les améliorations apportées par les savants la rendent désormais tout-à-fait pratique.

Le système de M. Cornu, appliqué par M. Borrel, est dans l'action magnétique qui réagit sur un barreau fortement aimanté placé au bas du pendule. Ce barreau est courbé concentriquement au point de suspension.

Un des pôles s'engage dans le moyeu d'une bobine intercalée dans un circuit voltaïque, dont l'interrupteur appartient à un régulateur de haute précision, tandis que l'autre s'engage dans un tube de cuivre rouge épais, chargé d'amortir l'exagération d'amplitude que tendrait à prendre le balancier par suite du courant induit qui se dégage.

On trouvera la description très détaillée de ce principe dans les n^os d'avril, mai et juin 1888 de la *Revue Chronométrique*.

L'ensemble des instruments que nous avons examinés dans l'exposition de M. Borrel est précisément la solution de ce problème si important : *l'unification de l'heure.*

D'une part, plusieurs régulateurs reliés électriquement, marchant ensemble sous l'influence de la synchronisation avec une précision presque absolue, 1/100 de seconde. Ceux-là à l'usage des astronomes et des savants, pour différentes observations physiques où la marche précise des instruments est indispensable.

D'autre part, une vieille horloge de clocher et une horloge de station de chemin de fer, comprises dans un même réseau et réglées toutes deux par un régulateur de précision.

Le système est la correction de l'avance que les horloges tendent naturellement à prendre par l'usure, par l'épaississement des huiles et dans laquelle tendance, il faut nécessairement les maintenir, ce qui est facile. Des observations nombreuses faites à ce sujet, il en découle ce principe que :

Pour obtenir l'heure uniforme entre plusieurs horloges, il faut d'abord assurer à celles-ci un régime de marche tel, que les écarts accumulés dans le même sens et variables suivant la construction et l'usure du mécanisme approche du point de réglage, sans le dépasser en sens opposé.

Il ne s'agit donc plus dans ces conditions que de suspendre momentanément la marche de l'horloge, tout en laissant le balancier libre dans ses oscillations.

Cet arrêt se produit par l'enrayement subit de la roue d'échappement, déterminé par l'armature d'un électro-aimant; lequel dure précisément le temps qu'avance l'horloge.

Ce système très simple peut s'appliquer sans aucune préparation à toutes les horloges existantes, quelle que soit la disposition de leur emplacement et de leurs échappements, et cela sans beaucoup de frais.

Ce problème résolu de *l'unification de l'heure*, nous le retrouvons à peu de chose près comme mécanisme dans plusieurs horloges exposées.

Nous en reparlerons dans un instant.

Nous ne pouvons traiter spécialement l'électricité, nous voulons dire à part; elle est devenue d'une application générale, tous les horlogers l'emploient : soit comme auxiliaire de réglage, soit comme moteur pour balanciers ou pour cadrans. Elle doit être considérée désormais comme un élément constitutif de l'horlogerie.

Nous pensons donc être utile en vous initiant de notre mieux aux applications les plus intéressantes. C'est dans ce but que nous nous sommes étendu sur la maison Borrel et c'est pour le même motif que nous reproduisons *un extrait du Bulletin de la Société internationale des Electriciens*, traitant également de la remise à l'heure par arrêt momentané de la roue d'échappement. Ce système, qui diffère peu des autres, est basé aussi sur l'avance que doivent avoir les horloges.

Exposé du système. — Depuis longtemps déjà, les régulateurs placés en différents points de la gare de l'Est de Paris, sont remis à l'heure électriquement par la grande horloge de la façade. Cette régularisation s'opère une fois par heure, suivant le système de MM. Redier et G. Tresca, qui corrige *seulement l'avance*, mais qui a l'avantage de ne pas demander de modification de rouage. En principe, ce système consiste à arrêter l'échappement de l'horloge si elle a de l'avance, tout en laissant le pendule continuer ses oscillations ; cet arrêt de l'échappement a pour durée la valeur de l'avance qu'avait prise l'horloge ; dès que l'échappement est rendu libre, le pendule agit de nouveau sur le rouage et l'horloge reprend sa marche.

Ce système ayant donné d'assez bons résultats, on a eu l'idée de l'appliquer à grande distance. Il a paru qu'il suffisait, en se servant de fils télégraphiques, d'envoyer un courant dans les horloges des gares de Troyes et de Vesoul pour les remettre à la même heure que celle de Paris. Cet emprunt des fils ne peut causer aucune gêne au service des dépêches, puisque sa durée devait être très courte (cinq minutes toutes les 12 heures). Toutefois, l'application n'était pas sans entraîner quelques complications dans les organes. Il s'agissait, tout d'abord, de réaliser l'isolement des appareils télégraphiques et la mise en communication des horloges avec la ligne pendant cinq minutes toutes les 12 heures ; on ne pouvait songer à faire manœuvrer un commutateur par les agents des gares, qui auraient le plus souvent oublié cette manœuvre, et c'est aux horloges elles-mêmes qu'on a demandé cette commutation automatique. Voici comment :

Commutateur. — Chaque horloge est munie d'un commutateur consistant en un électro-aimant, sur l'armature duquel sont fixés deux ressorts isolés l'un de l'autre et reliés aux fils de ligne; en temps normal (c'est-à-dire lorsque aucun courant ne traverse la bobine), les ressorts sont en contact de deux butoirs reliés au poste télégraphique; dans ces conditions, les courants cheminant dans les fils de ligne sont dirigés sur le poste télégraphique et l'échange des dépêches peut s'effectuer ; mais si un organe spécial mû par l'horloge, et dont nous parlerons plus loin, vient à fermer le circuit d'une pile locale sur l'électro, l'armature entraînera les deux ressorts, qui quitteront les premiers butoirs et viendront au contact de deux autres qui sont en communication avec l'organe de remise à l'heure. Le poste télégraphique se trouvera alors isolé des lignes qui sont affectées au service de l'horloge tant que l'armature sera attirée, c'est-à-dire tant que le courant de la pile locale, circulera dans l'électro.

Le courant de la pile locale est fermé sur l'électro-aimant par l'intermédiaire d'un levier venant au contact d'un ressort; ce levier est actionné par un système de limaçons montés sur la roue de cadran et sur la chaussée du mouvement de l'horloge; le contact produit dure cinq minutes, c'est-à-dire trois minutes avant douze heures et deux minutes après douze heures.

Horloge distributrice. — C'est une horloge spéciale placée à Paris et parfaitement régularisée qui remet à l'heure les horloges placées sur son réseau. A cet effet, elle a été munie des organes représentés fig. 1, planche 1.

La roue R fait un tour en une heure; la goupille g agira toutes les heures sur les leviers a et b destinés à fermer le circuit de la pile P sur la ligne télégraphique; mais, ainsi que l'examen de la fig. 1 le démontre, ce circuit ne pourra être complété qu'autant que l'armature A du commutateur E sera venu au contact du butoir h. Or, l'attraction de cette armature A par l'électro E ne peut avoir lieu que toutes les douze heures, parce que le circuit de la pile P ne peut être fermé que par l'intermédiaire du levier *c* et du ressort *r*; et que les leviers *c* et *d* sont commandés par le limaçon porté sur la roue S, laquelle fait un tour en douze heures.

Ainsi les leviers *c* et *d* ont pour fonction de fermer et d'ouvrir le circuit de la pile P', sur l'électro E, c'est-à-dire de mettre pendant cinq minutes la ligne télégraphique en communication avec l'horloge, de façon à permettre à cette dernière d'envoyer par l'intermédiaire des leviers *a* et *b* un courant qui, parcourant la ligne traversera, les organes électriques des horloges placées sur différents points du réseau. Nous verrons plus loin comment ce courant, qui dure 60 secondes, agit pour remettre ces horloges à la même heure que l'horloge régulatrice placée à Paris.

L'ensemble des deux leviers *a* et *b* d'un ressort *r* constitue le contact ou commutateur système Madeleine: ce commutateur permet de fermer et d'ouvrir un circuit à un moment, et pendant une durée très précise; son fonctionnement est le suivant: la goupille *g* (fig. 1) commence par soulever les deux leviers, dont les bras ont une longueur un peu différente; la roue R, et par suite la goupille *g*, continuant leur mouvement, le levier *b*, dont le bras est le plus court, échappe le premier et vient tomber sur le butoir B, en se mettant en contact au ressort *r*; soixante secondes après, *a* échappe à son tour, et comme son extrémité est garnie d'une matière isolante *i* et que sa longueur est un peu plus grande que celle du levier *b*, en tombant, il écarte le ressort *r* du levier *b* et interrompt le courant; après un tour complet de la roue R, le même effet se reproduit, les deux leviers sont soulevés par la goupille *g* et retombent l'un après l'autre à 60 secondes d'intervalle.

Le fonctionnement du commutateur dépendant de la roue S est absolument le même; mais les leviers sont remontés et lâchés par un limaçon au lieu d'être mûs par une goupille.

L'horloge distributrice, quoique ayant une marche très régulière, a été, pour plus de sûreté, reliée électriquement à la grande horloge de la gare; elle est donc elle-même remise à l'heure, par cette dernière, de la même façon que les horloges du réseau qu'elle commande à son tour.

La seule différence consiste en ce que l'horloge distributrice est régularisée toutes les heures, tandis que, comme nous l'avons dit plus haut, les horloges du réseau ne le sont que toutes les douzes heures.

Horloges réceptrices. — Ces horloges sont du type habituellement employé dans les gares, avec cette différence qu'elles ne sont pas pourvues du grand cadran extérieur. Elles sont munies chacune du commutateur décrit plus haut. Ce commutateur est actionné par une pile locale de la même façon que celui de l'horloge distributrice.

Comme nous l'avons déjà dit, le système de remise à l'heure consiste à arrêter la roue d'échappement, de telle sorte que le balancier continue à osciller librement indépendamment du rouage. L'horloge doit être réglée de manière à ne jamais retarder; on s'arrange donc pour lui donner une tendance à l'avance.

C'est à 11 heures 59 minutes que l'horloge distributrice envoie un courant d'une durée de 60 secondes qui, par conséquent, cesse à 12 heures; le courant traverse l'électro E (fig. 2) et tend à attirer l'armature placée au dessus; mais celle-ci ne peut obéir à cette attraction que lorsque le bras du levier B sera tombé dans l'encoche du limaçon C, c'est-à-dire lorsque l'horloge à régler marquera 12 heures juste; dès que l'armature pourra s'approcher de l'électro E, elle entraînera le levier B qui retiendra, par son crochet, la goupille *g* fixée sur la fourchette F (1); cette dernière se trouvera donc arrêtée et l'horloge restera à 12 heures, jusqu'à ce que le courant cessant de passer dans l'électro E, le ressort R relève l'armature et dégage la goupille *g*; à ce moment précis, l'horloge distributrice et les horloges à régler marquent toutes 12 heures, et ces horloges se remettent en marche, puisque leurs balanciers, dont les oscillations n'auront pas cessé, auront de nouveau action sur la fourchette F qui sera dégagée.

On voit que les dispositions prises ne permettent de corriger qu'une avance de 60 secondes, toutes les douze heures, c'est-à-dire de deux

(1) Cette fourchette est celle dite : Duchemin, qui n'appuie que sur un côté de la tige du pendule.

minutes par jour ; mais cette limite est plus que suffisante, car les régulateurs qui varieraient davantage seraient retirées du service.

*
* *

L'unification de l'heure, question du reste très importante comme chacun le sait, a été mise au concours il y a quelques années par la ville de Paris. Il s'agissait de donner à l'artiste qui présenterait le meilleur système, le soin de relier électriquement les principales horloges monumentales afin qu'elles donnassent une heure unique, celle du méridien de Paris. Nous ignorons les résultats du concours.

Pour les horloges d'appartements, pour les cadrans donnant l'heure dans les grands établissements industriels, etc., etc., quelques systèmes ont été imaginés, mais l'application n'en a pas été faite.

Le système que j'ai présenté en 1883 au concours de la Chambre syndicale des horlogers de Paris, qui l'a récompensé d'une médaille d'argent, a sans doute, quelque mérite. Il devait figurer à l'Exposition de 1889, après avoir subi quelques améliorations, mais, pour des motifs indifférents à mes chers lecteurs, je n'ai pu réaliser mes désirs ; néanmoins je suis heureux de trouver une occasion pour en donner la description, certain qu'elle sera bien à sa place.

Unification de l'heure applicable aux grands établissements industriels et aux appartements, système Roussialle.

L'unification de l'heure résolue pour les horloges monumentales des villes, pour les gares et les voies ferrées peut s'étendre aux grands établissements, aux appartements, avec modification du système suivant le genre d'horlogerie auquel il doit être appliqué.

Il est de toute évidence que le système employé pour les grandes horloges ne peut être appliqué aux pendules d'appartements, aux cadres de bureaux dans les administrations.

Le système dont suit la description semble réaliser cet important problème et pourra donner d'heureux résultats par la publicité des idées d'améliorations et d'application.

Etant donné un nombre quelconque de pendules placées dans un établissement, on choisit la meilleure, celle dont la marche est la plus régulière pour servir de type aux autres.

Cette pendule, munie d'un simple contact électrique à chaque déclanchement de la sonnerie, heures et demies, lance un courant qui circule dans le réseau de l'ensemble des cadrans, agit sur l'armature de l'électro-aimant dont est muni chaque pendule et fait déclancher la sonnerie. Elles sonnent donc toutes ensemble; c'est là la base du principe.

Le rouage de sonnerie à un moment donné, à midi, pendant son temps de fonction, fait agir un levier, dont une des extrémités agissant sur une goupille placée à la chaussée fait avancer ou reculer celle-ci de la quantité précise de l'avance ou du retard qu'avait la pendule.

La correction se fait deux fois par vingt-quatre heures, à midi et à minuit et peut être au maximum de cinq minutes chaque fois; ce qui ferait dix minutes en un jour. Cela est plus que suffisant, car une pendule qui, en 24 heures, résiste au réglage, par la suspension ou par l'écrou du balancier, à deux ou trois minutes par jour, est une pendule à réparer.

La figure 1 (pl. 2) donnera une idée exacte de la simplicité de ce système.

P Platine de devant.

R Rondelle d'acier fixée sur le prolongement de l'axe de la grande roue de sonnerie.

G Goupille fixée sur la chaussée.

C Chaussée.

LL' Levier de remise à l'heure poussé de bas en haut par le bec de la rondelle R, et faisant mouvoir à droite ou à gauche la goupille *g* de la chaussée par son extrémité *vv'* en forme de V.

Sur la petite platine, dont je crois inutile de donner le dessin, se trouve placé un petit électro-aimant qui a pour fonction de soulever le bec de la détente qui repose sur la roue de compte.

Fonctionnement. — La pendule type sonne l'heure ou la demie ; au premier tour de la roue d'arrêt seulement, un contact a lieu, le courant parcourant la ligne actionne par l'effet de l'aimantation la palette de chaque électro-aimant qui, soulevant la détente, met la sonnerie de chaque pendule en mouvement.

A la suite de la demie de 11 heures, la goupille *d* placée sur le levier LL' affleure le bas du bec de la rondelle R, par conséquent, au premier coup de marteau de midi le plan incliné du bec commence à soulever le bras LL'.

Ce levier continuant son mouvement d'ascension fait pénétrer son extrémité *vv'* sous la chaussée. Cette extrémité a la forme d'un V dont le sommet de l'angle décrit une courbe passant par le centre de la chaussée.

Si la pendule est parfaitement réglée, le V monte jusqu'à ce que la goupille touche le sommet de l'angle ; mais si la pendule avance ou retarde, un des côtés du V vient appuyer sur la goupille de la chaussée et la force à tourner à droite ou à gauche jusqu'à ce que l'aiguille soit à midi juste.

Au onzième coup de marteau, le levier LL' ayant achevé sa fonction quitte le bec de la rondelle R et retombe à sa place primitive, où il reste pendant 12 heures.

Il me reste à expliquer comment se fait le contact à la pendule type.

Une goupille de platine est fixée à la roue d'arrêt de la sonnerie, au dessus de l'axe quand elle est au repos. Au premier tour, cette goupille rencontre l'extrémité d'un ressort droit, flexible, placé sur une barre transversale fixée à une des platines. Ce ressort est isolé (électriquement) du mouvement et un des fils de la pile vient s'y attacher à une borne qui le fixe à la barre, tandis que l'autre fil est lié au mouvement n'importe où.

Ce système ainsi établi ferme le circuit, dans lequel se trouvent les pendules à régler à chaque tour de la roue d'arrêt, c'est-à-dire à chaque coup de marteau. Mais comme il ne faut qu'un seul contact, on l'obtient facilement dans un mouvement à chaperon en fixant sur l'axe de la détente qui repose sur la roue de compte une tige qui soulève le ressort de contact, lorsque la détente remonte en sortant des entailles de la roue chaperon.

Donc, au premier tour, il y a contact, par conséquent circulation d'un courant dans les fils d'un réseau; au second tour et aux suivants, le ressort soulevé suffisamment laisse passer la goupille de platine sans la toucher.

Ce système de l'unification de l'heure pour usines et appartements, que j'ai suffisamment éprouvé, donne de très bons résultats.

*
* *

Dans notre visite à la classe XXVI nous avons remarqué un groupe de cadrans mus par l'air comprimé; ce système est de M. Charles Bourdon.

Ces cadrans sont reliés par des tubes flexibles à une horloge régulatrice qui comprime ou raréfie l'air à chaque minute. Cette différence de tension suffit pour le fonctionnement des cadrans.

L'appareil récepteur (planche III, fig. 2) est composé d'un tube métallique à parois très minces et très élastiques (1), dont la forme est un cercle ouvert dont les deux extrémités fermées s'articulent à deux petites bielles faisant mouvoir un levier qui porte un cliquet qui agit sur une roue à rochet de 60 dents.

Le va et vient du levier qui porte le cliquet est commandé à chaque minute par l'horloge directrice qui, par un système que nous n'avons pu visiter, change la tension du fluide contenu dans les tubes qui communiquent au cercle par une ouverture au milieu de sa longueur par où il est fixé.

Ce genre d'horlogerie pneumatique de Bourdon, employé également par Poppe, à Paris, n'est probablement pas appelé à de sérieuses applica-

---

(1) C'est le même genre de tubes que M. Bourdon emploie dans ses baromètres et manomètres.

tions, car on dit que les horloges pneumatiques employées dans la capitale ne donnent pas des résultats merveilleux.

Néanmoins, nous avons tenu à le communiquer à nos confrères, parce que, — et nous appuyons sur ce fait — il ne doit pas y avoir d'invention à dédaigner, parût-elle de très mince valeur de prime abord, elle peut renfermer dans son principe le germe d'une application d'une très grande importance.

L'invention du baromètre de Bourdon qui, tout d'abord, ne devait servir qu'à donner approximativement la pression atmosphérique, a conduit son inventeur à l'appliquer ensuite, par de légères modifications, à la pression de la vapeur, donc de son baromètre, il en a fait un manomètre, puissante idée de génie qui a rendu et qui rend d'immenses services.

Maintenant, conservant toujours le même principe de sa première invention, il en a fait un chronomètre. Vous le voyez, après avoir mesuré la pression atmosphérique, il mesure la pression de la vapeur, puis, il mesure le temps.

Nous trouvons cent exemples de cette transformation d'une première idée, tout en conservant le même principe; ce qui nous pousse à redire encore que nous ne devons dédaigner aucune nouveauté, aucune invention.

*
* *

Nous voyons dans la même enceinte, classe XXVI, l'application d'un système bien connu, bien simple, bien modeste, le tirage de sonnettes des serruriers, utilisé à la transmission de l'heure à distance; c'est le système de M. Nicolas, breveté, employé par les frères Ungerer et appelé par l'inventeur *Téléchronomètre* (planche III, fig. 1.)

Le système de l'horloge est ordinaire. Toutes les 60 secondes un rouage spécial fonctionnant fait mouvoir un levier, qui transmet son mouvement par des fils métalliques fixés à des équerres posées sur couteaux, jusqu'aux cadrans. MM. Ungerer présentent deux cadrans qui fonctionnent bien; l'un est au-dessus de l'horloge type et l'autre au-dessus de la porte d'entrée de la galerie.

Pour mieux faire comprendre le système, nous en présentons un simple tracé, avec légende, et nous pensons qu'il n'y a pas besoin d'autre explication pour bien saisir le fonctionnement.

En somme, ce système n'a qu'un but, c'est la suppression des engrenages et des tringles de transmission. Est-ce réellement un avantage? Nous en doutons.

*
* *

Une autre horloge qui arrête les visiteurs et qui fixe l'attention surtout des connaisseurs par la singularité de la structure de son échappement, est celle présentée par M. Gaston de Chalonge, à Paray-le-Monial, non pas horloger, mais amateur. Disons tout de suite que nous regrettons que M. de Chalonge ne soit pas réellement horloger, car son échappement ingénieux démontre un esprit fécond en invention et des connaissances sérieuses en mécanique et qu'il eût certainement augmenté le nombre d'artistes éminents que compte notre belle profession.

Trouvant, dans l'originalité même de cet échappement, un élément d'étude, nous en donnons un tracé et une explication de notre mieux (planche IV, fig. 1 et 2).

Fonctionnement. — Si l'on mène le pendule à droite, il entraîne par le plot B, fixé à l'extrémité de l'arc C attenant au pendule, la bascule DD' oscillant sur couteau en EE'. Cette bascule est munie à ses deux extrémités de la boule libre Z et du contre-poids A.

Alors la boule Z vient s'engager sur le plan incliné VV' pour tomber en J, petit plot attenant au levier LL'.

La boule Z, plus pesante que M, fait dégager de son repos K le bras O de l'étoile d'échappement R.

Cette roue se met en mouvement et son fuseau mobile S rencontre Z et l'oblige à gravir l'incliné II'.

Par la force d'impulsion, Z roule sur le plan U pour tomber en T à son point de repos sur D'. Dans cette demi-oscillation le pendule a soulevé A avec l'aide de Z, tandis qu'il *redescend sous l'action de tout le poids de* A, *qui lui restitue la force qu'il a perdue.*

Pour mieux assurer la liberté du pendule, Z arrive en T après que B a quitté le levier D. Z qui vient frapper l'arrêtoir X a o'8 environ, temps plus que suffisant pour prendre un repos absolu avant un nouveau contact avec le plot B.

A est assez pesant pour que Z, dans sa chute en T, ne cause aucune trépidation contre le repos F.

L'inventeur dit qu'étant moins pressé il aurait pu faire actionner un petit volant par la roue d'échappement, afin de rendre moins brusque la conduite de la boule.

C'est un échappement très drôle, n'est-ce pas ? qui a besoin d'être étudié et pour lequel nous adressons à son auteur de vives félicitations.

Nous devons mentionner une horloge astronomique et électrique à vingt cadrans.

Cette horloge dénote de la part de son constructeur de grandes connaissances en astronomie et en calcul, et surtout une somme de patience considérable.

C'est une pièce curieuse qui ne convient qu'à un amateur. Elle a été calculée et construite par l'abbé Sanson, de Coutances.

Nous avons encore à citer une horloge placée dans la galerie supérieure des machines, exposée par M. Berner, au Locle (Suisse). Cette horloge sonne les heures et les quarts et ne possède pour chaque fonction qu'une seule grande roue, très forte, engrenant à un vis sans fin qui porte le volant. Pour le mouvement, même simplicité de rouage, une seule et grande roue engrenant à celle d'échappement par une vis sans fin.

Il y a évidemment grande économie de rouages, mais y a-t-il sûreté de fonctions ?

Cette horloge médiocrement traitée n'indique pas une concurrence redoutable pour les constructeurs français.

Nous ne trouvons plus rien, dans la grosse horlogerie, de remarquable même par l'originalité. Plusieurs pièces ont peut-être échappé à nos recherches, ce que nous regretterions sincèrement.

V

Régulateurs de précision, pendules.

Nous avons dit que l'horlogerie se divise en trois catégories bien distinctes. Nous nous sommes occupés de la première ; la deuxième, plus délicate, comprend les régulateurs de précision, les pendules de voyage, les pendules d'appartements, les réveils. Nous commencerons par les régulateurs astronomiques. Que nous avons encore là de belles choses à admirer, que nous ne nous lassons pas de contempler !

Il est cependant à constater que le nombre d'exposants diminue au fur et à mesure que les efforts grandissent, parce que les hommes intelligents pour ce genre de travail deviennent plus rares, parce que les hommes doués de toutes les qualités nécessaires pour triompher des obstacles, des difficultés qu'il faut vaincre, se comptent. Et puis, disons tout, parce que les sacrifices à faire en temps et en argent ne sont pas compensés par des bénéfices rémunérateurs. Là, plus qu'ailleurs, il faut travailler pour la gloire.

Plusieurs constructeurs de belle horlogerie monumentale présentent d'admirables régulateurs astronomiques ; tels sont ceux de MM. Paul Garnier, Henry Lepaute, Borrel. D'autres fabricants plus spéciaux, MM. Fénon, Delépine, Margaine, l'Ecole d'horlogerie de Paris, etc. Mais celui qui marche en tête, celui dont le mérite incontesté le place premier, est M. Fénon, horloger de l'Observatoire et élève de M. Winerl.

Son exposition, presque à l'entrée de la galerie, classe XXVI, placée à part, comme doit être ce qu'il expose, est simplement admirable, admirable d'exécution ; admirables sont aussi les résultats qu'il obtient.

Ce sont de véritables régulateurs astronomiques, ne déviant de l'heure absolue que de quelques centièmes de seconde dans un temps relativement long.

Il faut pour cela, n'est-il pas vrai ? que cet artiste éminent possède des connaissances mathématiques et physiques approfondies et une justesse de main-d'œuvre surprenante pour arriver à en faire d'aussi sérieuses applications.

Quel précieux auxiliaire qu'un tel talent pour les observations délicates, compliquées, de nos savants astronomes, qui l'ont choisi parmi d'autres pour son mérite reconnu !

M. Fénon, jeune encore, travailleur zélé, enthousiaste de son art, laissera certainement des œuvres qui lui survivront et qui le placeront à côté des Berthoud, des Breguet, de tous les hommes qui ont laissé derrière eux le sillon de leur gloire, en donnant la preuve de leur mérite et l'exemple du travail aux générations qui suivront.

Ces beaux régulateurs de divers concurrents, nous voulons dire émules, car pour l'art, pour la science, il ne doit pas, il ne peut pas y avoir de concurrents, l'appât du gain n'entrant qu'en seconde ligne et l'amitié souvent, l'admiration réciproque rapproche, lie fortement les grandes intelligences, ces beaux régulateurs, disions-nous, possèdent presque tous des contacts électriques, soit pour transmission de signaux, ou pour tous autres effets, et je ne m'explique pas bien comment ces contacts n'ont pas une influence quelconque sur la régularité si délicate, si chatouilleuse de leur marche ; car enfin, chaque contact — toutes les secondes, par exemple, — emprunte pour se produire une force quelconque, tant minime soit-elle, à la marche du pendule. Toute infiniment petite qu'elle soit, elle agit aussi sur un infiniment petit espace de temps, — une fraction de seconde, — mais elle se répète 3,600 fois par heure.

Peut-être bien que cet effet produit sur la marche du pendule étant toujours constant est calculé et compensé par l'écrou pour l'avance ou le retard.

Nous posons la question, mais nous laissons à de plus compétents que nous le soin d'y répondre.

Rien de nouveau dans les échappements, ni dans la compensation du pendule. M. Fénon emploie le système Winerl qu'il a amélioré ; c'est donc dans la rigoureuse exactitude des principes et dans l'extra-admirable exécution qu'on trouve la précision presque absolue constatée dans ces différents régulateurs.

La plume inscrivante de M. Fénon est aussi une invention qui a son mérite; elle sert à faire des tracés très déliés à l'encre sur les enregistreurs automatiques, et elle possède ce précieux avantage, qu'elle est toujours prête à fonctionner après un temps de repos plus ou moins long. Le système est basé sur la capillarité et le principe du siphon. La description complète en a été donnée dans la *Revue chronométrique*, n° de mars 1888.

Et les chronomètres de bord, cette dernière expression du sublime en horlogerie, parce que là les difficultés sont plus grandes encore, parce que les effets contre lesquels il faut lutter sont plus nombreux.

Le chronomètre n'a pas l'immobilité complète, malgré sa suspension Cardan, contre le roulis et le tangage, il a encore la trépidation causée par l'hélice, par le bruissement et le choc des vagues, les coups de canon; il n'a pas la constance de température, il n'a pas non plus la constance dans sa force motrice, comme les régulateurs astronomiques placés dans un lieu à l'abri des trépidations du sol et des changements brusques de température, et qui possèdent, par leur poids moteur, une force parfaitement uniforme. Non, le chronomètre de bord n'a aucun de ces avantages et sa marche est constante, grâce à ces hommes de talent, dont le génie, constamment en éveil, est arrivé à vaincre tous les obstacles qui contrariaient la régularité de leurs instruments précieux, aussi précieux que la boussole pour les navigateurs.

Les savants ont bien aidé les constructeurs, M. Phillips, de l'Institut, ce savant distingué, a donné la courbe théorique, mathématique du spiral, pour obtenir l'isochronisme dans les grandes et petites oscillations.

Le service rendu par ce savant à la chronométrie est immense, mais l'application rigoureuse n'est pas toujours possible en pratique; pour obtenir un bon réglage, il faut encore autre chose.

Le jour où un savant chimiste donnera aux chronométriers la manière de préparer le métal qui sert à la construction du spiral, du balancier et des pièces principales qui composent un chronomètre, de façon à avoir ce métal toujours physiquement et chimiquement semblable, nous voulons dire toujours identique dans ses combinaisons d'alliage et dans sa disposition moléculaire, ce jour-là, la théorie savante de M. Phillips recevra son application sans tâtonnement, les chronomètres seront construits réglés d'avance. Mais, jusqu'alors, il faut agir avec incertitude. La courbure mathémathique est obligée de subir des modifications, suivant le *tempérament* du chronomètre, et quelquefois même de sortir complètement des formes indiquées par la science.

Nous disons, complètement, le mot est trop hasardé; mais quand on a lu attentivement le dernier rapport de M. Lecoq, approuvé et récompensé par un jury composé d'artistes de grand mérite, on se demande encore si l'on ne trouvera pas mieux que la courbe de M. Phillips, puisqu'on peut obtenir de très beaux résultats sans l'observer rigoureusement.

On restera encore longtemps aux tâtonnements avant d'avoir une règle unique pour la forme des balanciers et des spiraux; en attendant, chaque chronomètrier, chaque régleur conservera, à part soi, ce qu'on appelle les petits secrets du métier.

Aucune question importante n'a été résolue, que nous sachions, pendant la période du Congrès chronomètrique qui a donné tant de promesses.

La valeur du spiral en alliage de palladium a été mise en suspicion par les officiers de marine, et après discussion assez longue, il a été reconnu que le temps reste le seul juge en cette matière.

Les résultats obtenus jusqu'à ce jour sont excellents: on a même constaté que des chronomètres, munis de spiraux d'acier, ayant obtenu les dernières places au concours, sont devenus premiers, en remplaçant simplement les spiraux d'acier en spiraux de palladium. Mais ceci n'est pas concluant.

Il est reconnu que le coefficient d'élasticité entre ces deux métaux est sensiblement le même; mais qui peut assurer que le palladium, par le mouvement incessant de la marche du chronomètre, ne subira pas une altération, en un temps plus ou moins long, dans sa cohésion moléculaire et, par cela, une différence dans son élasticité.

Une bonne note, en faveur du spiral en palladium, c'est sa défense énergique prise par M. Th. Leroy, un de nos premiers constructeurs.

L'avenir à bref délai, nous réserve, soyons en certains, la solution de tous ces difficiles problèmes, qui intéressent au plus haut point les plus grands savants et les constructeurs de premier ordre.

Bref, les chronomètres de bord, exposés par MM. Delépine, Ch. Leroy, Caillier et ceux que nous avons vus dans la section anglaise, vitrine de M. Kulberg (Victor), sont les plus belles œuvres en horlogerie qu'on puisse s'imaginer.

M. Rodanet, président-directeur de l'Ecole d'horlogerie de Paris, présente, aux yeux avides de belles choses, un certain nombre de chronomètres de bord anciens, exécutés par une série d'horlogers célèbres, qui, hélas! ne sont plus, mais qui ont laissé en partant les vrais principes qui servent de base à l'horlogerie moderne.

Cela est une exposition rétrospective, à laquelle on est heureux de faire un pèlerinage, qui rappelle un pieux souvenir à ceux qui ont connu ces illustres maîtres et un sentiment de respect et d'admiration à ceux encore jeunes qui contemplent leurs œuvres.

Nous devons de chaleureux remerciements à M. Rodanet pour sa noble et généreuse pensée, à laquelle nous applaudissons de tout cœur.

Nous avons encore remarqué des chronomètres de bord (section Suisse), dans les vitrines de MM. Nardin (Paul) et Grandjean (Henry), au Locle; dans la section norwégienne, vitrines de M. Iversen, à Bergen, et celle de M. Michelet (Frédérik), à Christiania.

Ces derniers chronomètres, que nous n'avons pu examiner de près, nous paraissent admirablement traités et doivent donner d'excellents résultats; c'est tout ce que nous pouvons en dire.

VI

Nous voici arrivés à l'horlogerie concernant les pendules d'appartements. Notre étude là, sera de courte durée, en ce sens, qu'il n'y a rien de remarquable, ne nous occupant que du mécanisme d'horlogerie.

Toujours les mêmes mouvements avec ou sans sonnerie, marchant quinze jours, échappement à ancre ou à rouleaux et dont les manufactures du Doubs et du Haut-Rhin fournissent le plus grand nombre en roulants ou complètement achevés.

Si vous parcourez la classe 25 (ameublements et bronzes), vous trouverez là de splendides garnitures de cheminées, souvent d'un prix très élevé, mais dans lequel le mouvement entre pour peu de chose.

Au reste, chacun le sait, la mode si capricieuse tend à supprimer l'heure des appartements; on remplace les pendules par des bronzes, objets d'art, comme si l'art ne se trouve plus dans les magnifiques garnitures Renaissance, Louis XIV, Louis XV, Louis XVI; qui sont encore, quoi qu'on fasse, la suprême expression de la grâce et du goût. Oui, on relègue au grenier ou dans des chambres retirées ces œuvres splendides pour les remplacer par des bronzes d'un goût douteux et qui ne sont pas toujours de grands maîtres. Mais, comme la terre, la mode est une boule qui roule sans cesse, le nouveau d'autrefois est aujourd'hui le renouveau; espérons donc qu'un jour viendra, où l'on préfèrera aux mauvaises statuettes de bronze ou de zinc, ces belles et sérieuses pendules dont la valeur principale était dans le mécanisme divisant le temps, donnant la précision de l'heure, plus utile que jamais dans cette vie où l'activité est réglée par minute, par seconde.

Oui, espérons qu'avant peu l'horlogerie aura reconquis sa place si légitime dans nos intérieurs.

Nous croyons utile de noter en passant le régulateur d'appartement, de M. Bernoux, de Paris, à pendule conique, dont l'échappement est certainement intéressant et dont nous donnons le croquis avec légende (planche II, fig. 2), tout en faisant remarquer que dans ce genre, il vaut mieux, suivant nous, un rouage qui défile continuellement, qu'un échappement qui imprime au pendule, à un point donné de la circonférence qu'il décrit, une force nouvelle qui, augmentant la vitesse, l'éloigne davantage de la verticale et lui fait fatalement décrire une ellipse; ce que nous avons du reste constaté.

Pour que le pendule à plan conique conserve une marche uniforme et par conséquent réglante, il faut que le pignon qui l'entraîne ait son axe dans l'axe même du pendule, de manière que le plan horizontal que décrit l'entraînoir lui soit rigoureusement perpendiculaire et que la force qui éloigne le pendule de la verticale soit à chaque point du cercle ou du plan qu'il décrit, parfaitement uniforme; ce qui ne peut arriver avec un échappement.

Ce genre de pendule a plusieurs systèmes de suspensions, un simple fil peut suffire; mais nous avons vu un rouage d'enregistreur à pendule conique, à suspension à la Cardan, qui fonctionnait très bien.

*
* *

Les pendules dites pendules de voyage, malgré leur petite dimension, tiennent une place respectable dans la classe XXVI.

Cette industrie essentiellement française tend à une extension considérable.

La France en fournit à toutes les autres nations, et l'écoulement grandissant, les artistes stimulés par ce fait font des prodiges de bon goût par les formes coquettes et gracieuses qu'ils savent donner aux enveloppes, aux cabinets qui doublent, qui quintuplent le prix de ce genre d'horlogerie, qui ne laisse rien à désirer, tant dans l'exécution que dans la sûreté des fonctions très souvent compliquées.

En effet, la première vitrine que nous visitons, nous examinons une pièce remarquable assez grande, en cuivre doré mat, cariatide à chaque angle, admirablement ciselée, le mouvement est visible par l'application de glaces sur les côtés et dessus; le cadran porte deux quantièmes, le jour et la date du mois, les phases de lune, le mouvement possède un échappement à détente, balancier compensé, spiral coudé, fusée auxiliaire; grande ou petite sonnerie à volonté; réveil.

C'est, en un mot, une pièce admirable, et cette vitrine en contient bien d'autres, à échappement à ancre, Duplcix, à remontoir d'égalité, force constante, et à seconde et demi-seconde au centre.

Au reste, M. Margaine, à qui appartient cette vitrine, est bien connu, et la constante amélioration qu'il a apportée à sa fabrication, qu'il a créée de toutes pièces, en a fait une des premières marques dans cette industrie.

C'est le premier, nous en sommes certain, qui a fait à ce genre de pendule, l'application des échappements de précision.

Les nombreuses expositions auxquelles M. Margaine a présenté ses travaux et les hautes récompenses qu'il a toujours obtenues, disent assez qu'il a toujours été à la hauteur des améliorations connues, quand il ne les a pas innovées lui-même.

Nous visitons d'autres vitrines dont les produits sont aussi bien traités dans la variété de leurs formes que dans le travail ; celle de M. Jacot et celle de M. Drocourt, dont la fabrique est à St-Nicolas-d'Alieremont (Seine-Inférieure).

Ces trois fabricants que nous venons de citer tiennent, on peut le dire, le haut du pavé dans la pendule de voyage, qui se vend facilement en Angleterre, aussi à Paris, mais peu au centre de la France, et c'est dommage, car elles sont réellement fort utiles ces jolies miniatures, pour le transport d'une pièce à l'autre et pour les voyages ; sonnant les heures, les quarts, les minutes ou les cinq minutes à volonté.

Il y en a qui n'ont que quelques centimètres de hauteur, les mignonnettes.

Plusieurs autres maisons de St-Nicolas fabriquent ces pendules et ont exposé leurs produits : MM. Baveux (Alfred), Guignon, Villon, Brocot, etc.

Bon nombre d'exposants présentent encore ce même genre, mais ils rentrent dans la catégorie de ceux qui exposent des produits achetés ou fabriqués par d'autres sur des modèles donnés.

MM. C. Coulon et Molitor, de Hérimoncourt (Doubs), ont la plus belle collection d'échappements de tous genres pour pendules de voyage. Ces échappements sont fort appréciés des connaisseurs.

Vient ensuite, classée dans le bon courant, la vitrine de M. C. Gelin, fabricant à Montbéliard.

Avant de clore la série des fabricants de pendules, nous tenons à signaler, comme particulièrement intéressante, l'exposition des produits de la maison Diette et Hour, qui compte parmi nos fournisseurs les plus sympathiques.

La diversité de genres dans les nombreuses pièces exposées attire du matin au soir une foule assez considérable et la retient assez longtemps par la curiosité qu'elle excite. Tel admire une petite locomotive qui semble courir à toute vitesse. Un autre reste le regard attaché sur un marteau-pilon en miniature, ou bien devant des petites machines à vapeur à haute ou à basse pression; ou bien encore, des phares tournants présentant aux yeux émerveillés des effets de lumière différents, comme nos grands phares sur les côtes de l'Océan.

Et toutes ces gentilles petites machines tournent, se meuvent en tous sens, non par la vapeur, non par l'électricité, mais par un simple rouage dont on remonte le ressort moteur toutes les cinq ou six heures.

La maison Diette et Hour a depuis longtemps la spécialité de ces intéressants petits mécanismes, qui amusent assurément tout en indiquant l'heure et qui instruisent aussi, en donnant une idée exacte du fonctionnement de ces divers appareils en grand. A côté de cela, de l'horlogerie assez bonne.

Cette maison mérite à plusieurs égards nos félicitations et nos encouragements.

Les Réveils.

Cette catégorie doit être traitée tout à fait à part; l'art n'a rien à y voir, et si diverses intelligences s'évertuent à faire du nouveau, c'est toujours dans le seul but d'arriver à faire meilleur marché.

Là, l'horlogerie est descendue au dernier échelon, ce n'est plus de l'horlogerie, mais un grossier mécanisme divisant le temps d'une façon des plus fantaisiste, quand il peut fonctionner.

Grand est le nombre des fabricants, plus grande est la diversité des genres de ces produits.

Il s'en fabrique pour un chiffre relativement colossal à Saint-Nicolas-d'Alieremont; mais la plus puissante maison et la plus redoutée des modestes fabricants, trône dans le Haut-Rhin français. C'est par millions que cette manufacture lance annuellement dans le commerce de l'univers entier ses produits de toutes sortes en horlogerie. Les chefs de cette maison, d'une intelligence rare pour le négoce, agrandissent de plus en plus leurs moyens d'action, par les puissantes machines-outils dont ils disposent, par les bataillons d'ouvriers qu'ils emploient et à qui ils donnent le bien-être. Ils sont, dans ce beau pays du Rhin, les rois de l'industrie.

Horlogerie électrique.

A ce sujet, nous n'avons que quelques mots à dire, parce que nous n'avons rien trouvé, ou rien su trouver de nouveau, d'intéressant, dans ce que nous appelons l'horlogerie électrique.

Les applications de cet agent mystérieux, l'électricité, se rattachant à l'horlogerie sont nombreuses, très intéressantes, et surtout d'une grande importance; mais la plupart rentrent dans le domaine de la haute science : l'astronomie, la marine, l'artillerie, etc.

Pour que les explications données soient compréhensibles et, par conséquent, utiles, il faut qu'elles soient rédigées par des savants, et nous n'avons pas la prétention de nous poser comme tel.

Notre but est de faire connaître et d'expliquer de notre mieux les systèmes qui doivent intéresser le plus grand nombre, renvoyant modestement aux ouvrages scientifiques spéciaux, les artistes rares qui peuvent aborder les hautes régions des sciences abstraites.

Les différents systèmes exposés sont, à peu de chose près, les mêmes. Plusieurs exposants français et étrangers présentent des régulateurs fonctionnant sans aucune autre force motrice que l'électricité, ainsi que des cadrans récepteurs.

La maison Hipp, de Neuchâtel (Suisse), sur laquelle nous avons eu beaucoup à nous étendre dans notre rapport à l'Exposition de Zurich, n'a rien fait de saillant que nous sachions. On dirait vraiment qu'il n'y a plus à faire mieux.

La maison Japy frères, à Beaucourt, fabrique un système qui sort de ce qui s'est fait jusqu'à présent, mais que nous connaissons déjà.

Le mouvement n'est plus commandé par le va-et-vient de la palette d'un électro-aimant, mais par la rotation d'un petit dynamo qui actionne une vis sans fin.

Ce système est très ingénieux et ouvre une nouvelle voie à l'investigation des inventeurs, car il a besoin d'être perfectionné pour donner de bons résultats.

M. Reclus, fabricant d'horlogerie, connu jusque dans le plus modeste hameau de France, inventeur émérite, chercheur infatigable, expose de nombreux spécimens dans cette branche de l'horlogerie.

Son nouveau système de cadrans électriques appelle l'attention des amateurs. Les différents jeux de son appareil paraissent très bien compris à première vue, mais le temps nous dira si notre impression a été juste, car près de six cents de ses cadrans fonctionnent actuellement à l'hôtel Terminus, très bel établissement nouvellement installé.

Disons, pour terminer, que les cadrans électriques, au point de vue industriel et commercial, n'auront jamais une grande place; que ce genre d'horlogerie ne pouvant s'employer que pour les grands établissements, les rues, les places publiques et que partout, dans les appartements où un cadran ou deux suffisent, l'horlogerie mécanique sera toujours la préférée, parce que son prix de revient est moindre et son entretien presque nul.

VII

Classe XXVI. — Section française. Les Montres.

L'horlogerie portative est largement représentée dans chacune de ses branches, depuis le chronomètre de poche jusqu'à la montre métal, du prix le plus infime.

La Suisse et la France, ces deux nations amies, mais rivales dans cette industrie, ont tenu à honneur d'y étaler leurs merveilles, à donner dans cette lutte pacifique la valeur de leur génie et la puissance de leur production. Toutes deux ont la même énergie dans le travail, la même tendance pour l'avenir. Toutes deux ont compris, en même temps, que la production appartenait désormais à la manufacture et que les moyens employés dans l'établissage ne suffisent plus, qu'ils fléchissent sous la formidable poussée du progrès ; qu'avant peu, les machines perfectionnées de plus en plus, remplaceront la main-d'œuvre ! L'ouvrier n'aura plus qu'à diriger les fonctions des instruments qui lui seront confiés.

Comme nous sommes loin du temps où une horloge, une montre se construisait presqu'entièrement à la main. Les outils maintenant ne taillent pas seulement les roues et les pignons, mais découpent les platines, les ponts, toutes les pièces délicates de cuivre, d'acier, sans retouche aucune pour les pièces de qualité courante.

On dirait vraiment que les machines digèrent le métal brut qu'on leur donne et rendent des montres marchant.

Avons-nous à nous plaindre de cet ordre de choses? Evidemment non ; c'est le progrès et l'on ne peut pas plus l'arrêter qu'on ne peut empêcher le Rhône de couler.

C'est la lutte ; il faut l'accepter ou succomber devant plus habile que soi.

La France, par ses produits remarquables, ne semble pas avoir perdu de terrain depuis la dernière exposition. Si quelques centres de fabrication ne paraissent plus à la hauteur de la situation, d'autres, au contraire, se sont transformés complètement et peuvent à ce jour supporter toute comparaison.

Plusieurs fabricants de Cluses ont exposé des pièces dont le fini donne à rêver même à leurs bons voisins les Suisses.

L'examen de la vitrine de M. Rannaz nous laisse une haute idée de ce que cet artiste peut faire. C'est un nom qui nous est familier et que nous avons déjà vu figurer à plusieurs expositions et nous sommes heureux qu'il soit venu implanter sa fabrication à Cluses. Il y trouvera certainement les éléments nécessaires au développement de sa maison.

De cette localité, nous remarquons la vitrine de M. Carizet, qui présente une jolie collection de mouvements complètement terminés, de 6 lignes à 20 lignes, ainsi que des finissages et des plantages très bien traités.

Nous citerons encore M. Carpano pour ses fraises de toutes formes. Les progrès constants qu'il y apporte lui ont fait une réputation bien acquise.

M. Breton (Louis) expose également des fraises de toutes natures, ainsi que des fournitures pour les établisseurs.

M. Dancel (Lambert) pour la bien-facture de ses produits : pignons, arbres, vis, balanciers, toutes fournitures pour remontoirs, mérite nos sincères éloges.

Nous nous sommes laissé dire et nous constatons avec la plus grande satisfaction, que Cluses deviendra, avant peu, un centre de fabrication des plus sérieux. Que faut-il pour cela? Un homme, un seul, entreprenant, courageux, qui sache faire une concentration de toutes ces petites fabriques éparses et qui veuille faire du bon, surtout en petites pièces, avec de jolies décorations de boîtes; qu'il soit honnête et loyal dans les affaires et le marché français lui appartiendra en bonne partie.

L'Ecole nationale de cette petite localité, dont nous reparlerons tout à l'heure, est un auxiliaire des plus heureux. Elle dirige, chez les jeunes gens qui la fréquentent, la culture de l'esprit mécanique, la tradition du beau et du bon et les forme pour ainsi dire à l'ordre du jour.

Plusieurs autres localités rayonnent autour de ce centre, à une distance plus ou moins grande. Telles sont Magland, — Mont-Saxonnex, — Marnaz, — Sioncier, — Vougy, — Thônes, — Viller-le-Lac, qui, toutes, ont apporté leur contingent de bonne volonté et de savoir faire.

Nous remarquons dans la vitrine de M. F. Coudrai, à Magland, une jolie collection de mouvements finis ou non finis depuis 4 lignes pour la spécialité de bijoux, jusqu'à 30 lignes. Il est évident que ce fabricant doit fournir plusieurs établisseurs en Suisse et en France.

Celle de M. Glière (Robert), à Vougy, est recommandable pour ses pignons, roues et pivotages divers.

La collection de toutes pièces détachées pour ébauches, finissages, pour échappements, présentée par M. Passy, de Thônes, est vraiment digne d'éloges. M. Passy, à en juger par son travail, doit posséder un atelier complet, bien monté en outillage et en bons ouvriers.

Il y a encore à Scioncier plusieurs fabricants de pièces détachées d'un bon courant: MM. Depery Carly, — Depery François, — Hugard frères, — Violland et surtout M. Lacroix-Favre pour sa fabrication de beaux pignons pour montres.

En quittant la Savoie, nous adressons à tous ses fervents travailleurs, tous nos bons souhaits pour leur prospérité déjà en si belle marche.

En triant nos notes prises sur place dans la classe XXVI, nous trouvons dans une des meilleures feuilles M. Paillard, de Ferney (Ain), l'innovateur, le fabricant de spiraux de tous genres en alliage de palladium.

Nous avons déjà eu le plaisir de constater les magnifiques spiraux de tous genres et de toutes formes de M. Paillard à l'Exposition de Zurich en 1883. Nous disions alors dans notre rapport, que le temps n'avait pas encore sanctionné la valeur du palladium pour les spiraux ; six ans après, le Congrès chronométrique tenu à Paris émettait la même opinion : que le temps restait son seul juge. Quant aux chronomètres de marine, oui ; mais aujourd'hui, à notre avis, étant donné que l'alliage de palladium possède l'élasticité de l'acier et ayant sur lui l'avantage de ne pas s'oxyder, sa valeur réglante suffisament éprouvée, son acception dans le domaine de l'horlogerie portative doit être désormais un fait accompli, accepté sans conteste.

*
* *

Malgré les bruits peu rassurants qui circulent sur la fabrique d'horlogerie de Besançon et après examen attentif des différentes vitrines de cette localité, nous avons constaté avec la plus grande satisfaction que sa production ne paraît pas en décadence ; que les pièces en général sont admirablement traitées et s'il y a décroissance pour la quantité, — ce qui est peut-être possible, — nous assurons que ses fabricants ont le sentiment du progrès et qu'ils doivent marcher carrément, quand même, dans cette voie sans se laisser aller au découragement.

Il est évident que ce centre de production s'est un peu déplacé, que les nombreuses manufactures qui étaient ses auxiliaires, sont devenues par leur développement des concurrents redoutables. Que ces manufactures qui ne livraient que des ébauches, des pièces détachées, inondent aujourd'hui le marché universel de leurs montres complètement terminées.

Mais ce qui menace, ce jour, l'existence horlogère de Besançon, menacera peut-être demain ses propres concurrents. La production manufacturée prend un tel essor en tous pays que tout est à redouter pour les uns et pour les autres.

Certaines crises tiennent à ce que la production est plus grande que la consommation ; de là stocks de marchandises et capitaux immobilisés, et il se monte toujours des usines, des manufactures. Des cerveaux insatiables, ardents, étudient sans relâche la possibilité d'en fonder une immense, sans rivale. N'a-t-il pas été dit quelque part, qu'une manufacture de montres siérait à merveille à la capitale du monde?

Rien ne serait plus naturel, mais aussi rien ne serait plus funeste à la fabrique de Besançon.

Hâtez-vous! serions-nous tentés de dire, hâtez-vous! car chaque pays possède le sentiment instinctif à se suffire à lui-même et, malgré tout, un jour viendra où l'équilibre se fera. C'est aux plus avancés de savoir se tenir à distance de celui qui, chaque jour, fait des progrès, soit dans les nouveautés, soit dans les moyens qu'il emploie à produire, et, c'est dans l'instruction technique des jeunes générations qu'il faut chercher le plus puissant moyen de triompher dans l'avenir.

Un fabricant bizontin, dont la position donne une certaine autorité, a essayé, dans un compte-rendu de l'Exposition de Paris, de jeter le cri d'alarme à l'exemple de M. Favre de retour de Philadelphie; aura-t-il en France le même écho qu'en Suisse et surtout le même heureux résultat ? Nous en doutons.

Au reste, la belle cité bizontine est-elle aussi sérieusement menacée?

Evidemment non, elle ne peut perdre l'importance qu'elle n'a jamais su acquérir sur les marchers étrangers. Elle n'a jamais été, que nous sachions, un concurrent redoutable à la Suisse sur notre propre marché. A quoi cela tient-il, car cependant ses qualités progressent et ses prix permettent de soutenir la concurrence ?

Nous ne sommes pas assez compétents en économie commerciale pour oser donner une opinion sûrement fondée, ni des conseils en cette matière; mais, qu'il nous soit permis de dire que la fabrique de Besançon possède un privilège que la manufacture ne saurait lui enlever, que les machines-outils tant perfectionnées qu'elles pussent être ne pourraient lui arracher, c'est la constance du progrès dans l'établissage de la petite pièce à cylindre et aussi à ancre, qu'elle réussit admirablement, et dans les grandes pièces à réglage de précision dont l'observatoire de Besançon donne les preuves les plus éloquentes. C'est dire que cette ville possède des artistes régleurs du plus grand mérite.

La fabrique de Besançon a conscience de son infériorité en tant que production, vis à vis de ses nombreux concurrents ; c'est déjà une qualité précieuse que de connaître la cause de son malaise et vouloir en chercher le remède, c'est être bien près de la guérison.

Nous dirons aux Bizontins qui ont le sentiment élevé de leur belle profession, nous leur dirons de conserver la foi qu'ils ont en l'avenir, de continuer l'établissage en le faisant progresser comme ils le font; qu'ils s'entendent, qu'ils s'unissent, qu'ils donnent à leurs petites pièces la coquetterie, l'élégance qui plaît tant au beau sexe; qu'ils sachent prendre de la manufacture ce qu'elle a de bon, sans nuire à la qualité; qu'ils soient ponctuels et complaisants dans les ordres qu'ils reçoivent et surtout qu'ils tiennent compte des observations de leurs clients; qu'ils élargissent le crédit des maisons qui le méritent, et nous avons la conviction qu'un nouveau courant bienfaisant s'établira et que leur horizon s'agrandira en s'éclaircissant.

Qu'ils tentent une association sérieuse qui pourrait fonder un journal instructif et surtout à prix très réduit, qui, répandant dans le public horloger des connaissances utiles à la profession, stimulerait l'amour de l'art et ferait grandir le sentiment patriotique, car, nul n'ignore que le patriotisme, le vrai, se manifeste aussi bien entre nations, dans le commerce et l'industrie, que dans les combats.

Parmi les nombreux fabricants qui ont tenu à honneur de présenter leurs produits au public connaisseur, nous citons avec plaisir, aussi avec fierté : MM.Fernier frères, — Antoine frères, — Grâa, Dufour et Neyret frères, — Bergier, — Félix Julien, — Cercleux, — Matile frères, — Calame, — Haas, — Perdrizet et Bourquin et un grand nombre d'autres dont le travail, d'un ordre moins élevé, témoigne également de leurs efforts à améliorer leurs produits.

En un mot, sachons le tous, Besançon, le berceau et le centre de l'industrie horlogère en France,ne périclite pas,au contraire,cette localité possède toujours des artistes de haute valeur, des mécaniciens distingués; elle peut fournir dans un grand nombre de genres,des pièces aussi bonnes, aussi belles et à des prix aussi avantageux qu'en Suisse.

C'est à nous d'avoir assez de patriotisme, assez d'amour-propre pour aider, pour soutenir et faire prospérer cette ruche de travailleurs intelligents qui, à tous égards, méritent nos éloges et notre admiration.

*
* *

Examinant les différentes vitrines ou étalages des fabricants, grands manufacturiers de Beaucourt, Seloncourt, Montbéliard, nous restons froids devant les résultats obtenus par puissance mécanique. C'est que réellement ces produits sont froids eux-mêmes; travail plus ou moins soigné, mais travail ordinaire qui ne flatte ni l'artiste, ni le public; aussi pas un sourire de satisfaction, ni d'envie sur les visages qui défilent par centaines, par milliers dans une journée.

Si l'artiste qui regarde, paraît insensible aussi, c'est qu'il rêve; il rêve aux machines qui construisent toutes ces pièces, parce qu'il sait que c'est là que se dévoile l'intelligence de l'ingénieur-mécanicien.

Qui ne s'est arrêté cent fois dans sa promenade au Palais des machines, chaque fois ravi de voir fonctionner ces puissants instruments à fabriquer par millions, soit des clous, de simples clous, soit des vis à bois par compression sans perdre un atome du métal ; soit du tissu ou des chaînes métalliques, dont le fil de cuivre ou de fer se tricote aussi facilement qu'un brin de coton entre les mains d'une femme.

C'est simplement admirable, non l'objet construit, mais le mécanisme constructeur. Il en est de même pour l'horlogerie, les machines doivent être intéressantes, mais la plupart des produits sont des clous, parce que les manufacturiers visent à la quantité et au prix de revient le plus bas. Aussi voit-on des instruments bruts donnant l'heure à 6 fr. 50, même au-dessous.

Nous devons cependant rendre justice aux efforts qu'ils font pour améliorer la qualité, tout en conservant des prix très bas, et cette tendance à mieux faire a été rendue tangible par la grande manufacture des Japy frères, de Beaucourt, qui ont exposé par ordre de date tous leurs genres de produits, en montres, depuis le début de leur fabrication, c'est-à-dire depuis plus de cent ans? Les montres qu'ils donnent maintenant à 6 fr. 50, tout étant brutes, fonctionnent relativement bien; à 6 fr. 50!

Tous ces produits de bas étage nous remettent en mémoire la fameuse montre de Roskoph, exhibée pour la première fois à l'Exposition universelle de 1867, sous le nom philanthropique: la montre du pauvre!

Telle était l'épithète du type de montres présenté il y a 22 ans, par Roskoph, de la Chaux-de-Fonds. Véritable assemblage de pièces, de rouages grossiers savamment combinés, plus savamment encore exécutés par des machines-outils et qui donnaient des résultats, pour l'usage auquel elles étaient destinées, plus que surprenants.

Mais dans ce siècle où tout est bizarre, la montre Roskoph a dévié de sa route et de la poche de gilet du pauvre, elle est passée à la poche de pantalon du riche, où elle se trouve en compagnie de clés, de porte-monnaie, etc. Se trouve-t-elle bien à sa place, cette montre de bas prix et de plus basse qualité encore?

Ce genre d'horlogerie a acquis depuis cette époque une importance industrielle considérable, mais elle a produit une influence funeste sur la vente de l'horlogerie de mérite et de bon goût.

En effet, le bon marché a toujours eu pour tous un attrait irrésistible; pourquoi dépenser cent francs et plus pour avoir l'heure, quand pour dix francs on peut avoir une pièce à peu près de même forme qui divise le temps à quelques minutes près par jour.

Le riche souvent donne l'exemple de l'économie et c'est celui-ci qui en fait maintenant la plus forte consommation, et vous allez voir quelle influence ce genre de montres exerce sur la vente de la bijouterie.

La montre de métal précieux exigeait naturellement une chaîne, des breloques de prix; mais pourquoi pendre une chaîne d'or ou d'argent à une montre de quelques francs? on achète une chaîne de même acabit. La femme, cette plus belle moitié du genre humain, capricieuse comme la mode qu'elle dirige, supprime les goussets aux corsages, veut même supprimer la montre ou la hisse entre deux boutons, d'où sort un soupçon de chaîne en cuivre doré ou oxydé, ou bien encore, elle la glisse, la malheureuse petite machine, dans le cou, où elle descend retenue par une petite chaînette. Elle se trouve à l'abri des chocs, mais l'humidité qui se dégage naturellement du corps la rouille et la tue.

Bref, voilà la décadence de notre art sublime, tout y contribue. Comment porter remède à cela, puisque les fabricants eux-mêmes, loin de s'arrêter, en construisent par millions !

Elle est loin de son origine la montre du pauvre ; elle a subi depuis 22 ans bien des transformations. Nous la retrouvons, mais mieux faite, sous le nom de "Diana" ou montre du *prolétaire*.

Les succès de la montre Roskoph ont ému une légion de fabricants et chacun a voulu fabriquer la montre à bas prix. Avec les machines admirables établies dans ce but, elle est devenue plus gracieuse de forme, plus portative, mais aussi plus délicate.

En 1878, bon nombre de fabricants nous en montraient d'assez bien réussies relativement. Cette année, le progrès s'est accentué, grâce à un outillage parfait, assurant la fixité dans les proportions établies ; ce genre de montres, — à part sa courte durée,— donne parfois de bons résultats.

Tout en admirant ces progrès vers le bon marché, l'artiste véritablement amoureux de son art, pousse un gros soupir de regret, de découragement. Comment, en effet, lutter contre cette progression descendante ? Comment prouver à l'acheteur ignorant qu'une montre de dix francs vaut cent fois moins qu'une montre de cent francs ?

Comment faire revivre, dans le cœur de nos enfants, ce sentiment si pieux, si beau, le souvenir, qui, lui aussi, diminue et s'éteint ? Autrefois, une montre d'or ou d'argent passait de père en fils, vivait plusieurs générations. On était heureux de porter la montre que son père ou sa mère avait remontée si souvent ; qui portait encore l'empreinte de leur toucher, dont le cadran, symbole du temps, avait si longtemps reflété leur regard qui n'existait plus.

Quel est celui de nous qui, dans son jeune âge, n'a jamais éprouvé cette jouissance enfantine d'écouter *la petite bête* de la montre de son grand-père ? Pour mon compte, quand je pleurais, comme on sait pleurer quand on est enfant, grand-père me collait contre l'oreille sa vieille tocante d'or et me disait : « écoute, et si tu pleures encore, je la retire ». Mes larmes cessaient comme par enchantement. J'écoutais, la bouche et les yeux grands ouverts. Papa, disais-je, fais voir la petite bête ; aussitôt le bon vieillard ouvrait de sa main tremblante la fameuse montre et je regardais, émerveillé, se mouvoir la petite bête, mais non encore satisfait. « Grand-père, je la veux, je la veux ». Petit, me répondait-il, si tu es bien sage, tu l'auras quand tu seras grand. J'étais satisfait, sans me douter, hélas ! de ce que contenaient de funèbre ces quelques mots : tu l'auras quand tu seras grand.

Je l'ai la montre de grand-père, parce qu'il n'est plus, parce que je suis grand depuis longtemps et que mon père, qui l'a aussi portée, me l'a laissée en mourant.

Que de souvenirs se rattachent à cet objet qui, pour moi, est sacré ! Je la conserve, cette montre, comme la plus précieuse relique. Je la vois souvent, je la remonte quelquefois et je me plais encore à écouter ses tics-tacs. Alors, j'éprouve une émotion étrange ; il me semble entendre la voix de grand-père que j'aimais bien tendrement : « Petit, tu l'auras quand tu seras grand ».

Cette montre qui a été liée si intimement à la vie de ces êtres si chers, qui en a subi si longtemps le contact, qui a été chauffée si souvent de la chaleur de leur sang, qui a toujours été témoin de leurs joies et de leurs peines, doit conserver en elle quelque chose d'eux. C'est ce quelque chose qui me la rend chère.

Entraîné par des sentiments qui me sont agréables, je m'éloigne, malgré moi, du cadre que je me suis tracé; mais je tenais à faire sentir à mes chers lecteurs la différence qui existe entre la montre d'autrefois qui pouvait durer un siècle et la durée éphémère de celles qu'on fabrique aujourd'hui.

La montre n'est cependant pas un article banal, un ustensile de ménage, un objet de toilette; c'est une petite machine faite de matière inerte à laquelle l'intelligence humaine a donné le mouvement, on pourrait dire la vie. Elle est indispensable à l'existence, elle en règle les occupations, elle devient parfois l'ami de celui qui la possède. Eh bien ! le mercantilisme, l'amour du gain, aussi bien en Europe qu'en Amérique l'a fait descendre au niveau de la plus affreuse pacotille.

N'y a-t-il rien autre qui plaide en faveur de la bonne horlogerie et qui rejette, condamne cette tendance à faire de plus en plus de l'horlogerie médiocre, mauvaise ?

Il y a mieux encore, l'art à défendre, l'art qui sera fatalement entraîné dans cette chasse au bon marché, au clinquant, au faux vrai.

En horlogerie, les Berthoud, les Breguet et bien d'autres ont contribué par leur intelligence, par leur puissance géniale à élever l'art chronométrique; à côté de ces hommes de bien, qui comprennent le véritable progrès, il y en a qui sont néfastes pour la gloire de l'art. Qu'on nous permette de cacher leurs noms, car ils forment légion.

Sous prétexte de philanthropie, sous prétexte de favoriser la classe laborieuse, ils sont arrivés à produire des montres, des pendules certainement abordables aux plus modestes bourses ; mais cette horlogerie n'a que l'apparence, qu'on sait si bien appliquer maintenant. Le malheureux qui a besoin de l'heure croit faire une économie en achetant une montre dix ou quinze francs, il vide sa bourse pour la posséder et ne tarde pas à comprendre que tous les beaux prospectus, les pompeuses annonces ne sont que mensonges. Il dépense encore de l'argent pour faire réparer une montre irréparable et, finalement, la jette au fond d'un tiroir, ou la donne, comme jouet à ses enfants. Elle a donc fini comme elle aurait dû commencer. Et ces histoires là sont aussi nombreuses que ces montres fabriquées avec beaucoup de tact pour duper l'acheteur.

Que ces fabricants de malheur ne viennent pas nous dire qu'ils font ainsi d'aussi mauvaises qualités pour lutter contre les fabriques étrangères. La concurrence se fait avec plus d'acharnement, de déloyauté entre fabricants d'un même pays, qu'entre nations. Entre nations, des droits protecteurs sagement établis peuvent limiter les effets de la concurrence ; mais entre fabricants d'un même pays, les lois sont souvent impuissantes contre la concurrence déloyale, même contre le vol de la propriété industrielle. Les exemples ne sont pas rares.

Lutter contre la pacotille envahissante, — nous ne parlons toujours que de notre profession — est le point de mire de toutes nos Chambres syndicales ; plusieurs se sont formées dans ce seul but : celles de la Charente, de Toulouse, de Dijon, de Bordeaux ; chacune a son procédé, mais nous n'en voyons aucun de réalisable.

On ne décidera jamais certains fabricants à faire bon, sauf à relever leurs prix et jamais on ne fera comprendre au public qu'il vaut mieux payer plus cher pour avoir meilleur, quand les charlatans leur cornent aux oreilles qu'ils garantissent leurs objets sur « facture », et que ceux qui font payer plus cher veulent gagner davantage.

Il faut que le mal s'éteigne de lui-même ; mais il faudrait alors que chacun pût en faire l'expérience à ses propres dépens, car vous le savez on ne profite jamais de l'expérience d'autrui et comme le public se renouvelle sans cesse, il y aura toujours, quoi qu'on fasse, des dupeurs et des dupés.

*
* *

Notre commerce souffre encore d'un autre mal, qui nous préoccupe également et contre lequel les Chambres syndicales, réagissant avec persévérance, pourront en atténuer les mauvais effets, car ce mal est guérissable. Nous voulons parler des ventes illicites au Mont-de-Piété et dans les salles de vente des Commissaires-Priseurs.

La Chambre syndicale des horlogers de Paris nous a communiqué diverses démarches faites il y a quelques dix ans et sans aucun résultat.

Notre Chambre émue, il y a deux ou trois ans, de la progression constante de cet état de choses, a pris, à la suite de bon nombre de délibérations, la résolution de s'adresser directement, de concert avec plusieurs autres Chambres syndicales intéressées, au Ministre du Commerce et de l'Industrie, en lui signalant les abus et le tort considérable qu'en éprouvait les détaillants.

M. Dautresme, alors ministre, nous répondit favorablement et, en attendant la révision des lois, il enjoignit, par l'intermédiaire des Procureurs généraux, tous les Commissaires au respect des lois existantes.

Mais, hélas! en France les ministères durent si peu. M. Dautresme fut remplacé par un autre ministre possédant certainement les mêmes sentiments à notre égard, mais qui ne connut pas nos réclamations, ni les promesses faites par son prédécesseur et tout resta dans les cartons des ministères qui se succédèrent.

Nous reviendrons à la charge et nous avons le ferme espoir que nos justes plaintes seront entendues et que les lois seront revisées à notre satisfaction et que le gouvernement saura les faire respecter.

*
* *

Nous revenons à l'étude des produits exposés.

A côté de ces grandes manufactures de Beaucourt, de Seloncourt et de Montbéliard qui fabriquent les montres, par machines à vapeur, par machines hydrauliques, peut-être bientôt par l'électricité, il en est de plus modestes qui construisent des montres d'un goût, d'une structure assez bizarre. Telle est la montre dite : pendant-remontoir, qui supprime la couronne. Pour la remonter, il faut tourner tout simplement la bélière, le pendant. Cet inventeur, M. Marnier, condamne naturellement tous les autres systèmes; le sien, seul, est le meilleur.

La montre, système Petit, marchant huit jours sans être remontée. Le barillet est fixe, c'est l'arbre qui se meut entraînant la roue du barillet qui s'y trouve fixée. Le rouage est composé de six roues; l'inventeur prétend avoir simplifié le mécanisme. Nous vous en laissons juges, chers lecteurs.

Et la montre mystérieuse de Armand Schwob et frères, qui ne cache aucun mystère, système de la pendule mystérieuse, bien connu, appliqué à la montre.

Le centre du cadran en verre est au dessous du centre de la boîte, laissant à sa partie supérieure un espace libre en forme de croissant dans lequel est placé un mouvement de onze lignes, disposé en longueur, lequel met en rotation un disque en mica ou en verre très mince portant à son axe la grande aiguille, ainsi qu'un pignon de chaussée qui engrène à une toute petite minuterie.

C'est une montre transparente dans laquelle on n'aperçoit que les deux aiguilles, donnant l'heure quand la dite montre veut bien marcher. En un mot, c'est un jouet et à remontoir encore; la remise à l'heure s'effectue au doigt. Son prix est de 65 francs, ou 60, si vous avez le courage d'en prendre une douzaine.

Beaucoup d'autres exposants exhibent d'autres inventions, qui n'ont que le mérite de leur originalité et que nous passons sous silence, sans nuire, croyons-nous, au progrès de l'art.

Cette dernière phrase n'est pas sans restriction, car il est possible qu'une ou plusieurs inventions nous aient échappé, abritées derrière leur modestie; mais, qu'on se rassure, leur valeur se fera jour quand même; tel, le parfum délicieux de la violette décèle la présence de cette charmante fleur, bien cachée sous le feuillage.

*
* *

VIII

Quelques études sur l'Horlogerie à l'Exposition Universelle de Paris 1889.

LA SUISSE

Comme toutes les branches de l'industrie, l'horlogerie traverse une phase de transformation. Nous l'avons déjà dit, la main-d'œuvre est peu à peu remplacée par la machine en France comme en Suisse, mais plus rapidement en Suisse qu'en France et ceci n'a rien d'étonnant, le contraire le serait.

Si la Suisse n'est pas, dans toute l'acception du mot, le berceau de l'Horlogerie, c'est dans ses montagnes, à l'abri des tourmentes politiques et religieuses, dans le calme de la vie tranquille que sont nées les premières fabriques d'horlogerie, et dès le premier moment, chaque artiste a senti le besoin d'améliorer son travail par de bons outils.

De perfection en perfection, plusieurs outils sont devenus de petites machines.

Nous nous sommes bien aventuré en disant,il y a quelques instants, que les machines digéraient le métal brut et rendaient des montres marchant, c'est une métaphore un peu risquée, nous n'en sommes pas encore là. C'est dans la division extrême du travail et dans la vélocité à produire qu'on est arrivé à livrer à si bon marché.

L'horlogerie en Suisse est une des maîtresses branches de son industrie. C'est vers ce but que tendent tous ses efforts. Peuple travailleur, infatigable, très intelligent, possédant à un haut degré l'esprit d'association, elle emploie toutes les forces de sa vitalité, non en questions puériles, mais en actions sérieuses, ayant un but bien déterminé.

Elle a fourni de tous temps en horlogerie des hommes illustres, dont la puissante intelligence en mécanique a élevé notre art à un tel point qu'on le dirait arrivé à l'apogée. Que peut-on, en effet, rêver de plus beau, de plus gracieux, de plus coquet, que ces montres exposées dans leur galerie, depuis la grande montre compliquée, jusqu'à la montre-bijou de 4 lignes! ornée de pierres précieuses, ou de riches décorations ciselées ou gravées. Nul autre que Genève ne possède de tels artistes.

Il y a bien à Paris quelques célébrités en ciselure, en gravure, que nous pourrions citer, mais ils sont rares et fort chers. Nous ne croyons pas nous tromper en affirmant que nous sommes tributaires de la Suisse, de Genève en particulier, chaque fois que nous voulons avoir une pièce remarquable dans les fonctions de son mécanisme comme dans l'ornementation de sa boîte.

Est-ce décourageant pour les fabricants français? Evidemment non, au contraire, ils doivent puiser là, les éléments nécessaires à améliorer leurs produits dont les progrès sont déjà frappants.

La joaillerie, la bijouterie française est une des premières du monde comme goût artistique; pourquoi donc les fabricants d'horlogerie ne formeraient-ils pas ses artistes à la décoration riche de leurs boîtes? Est-ce l'éloignement des centres de fabriques, les difficultés de transport, le prix de revient plus élevé qui sont des entraves? Les spécialistes le savent et nous le diront peut-être.

Nous retrouvons dans la section suisse, bon nombre de fabricants que nous sommes habitués à voir à toutes les Expositions. Ceci à leur louange, car nous constatons chaque fois qu'ils sont en tête des progrès réalisés. Nous constatons aussi bien des absents. Genève, cette ville par excellence pour le culte de l'art, où vit en maître le bon goût de la décoration, compte à peine dix exposants, parmi lesquels nous citerons la maison Patek, Philippe et Cie, dont les produits captivent l'attention, forcent l'admiration; à elle seule, elle résume tout ce que notre art a de beau, de riche, toutes les complications qu'on peut obtenir, tout ce que le réglage peut offrir de précision.

En un mot, c'est une fabrique qui, dans la sphère de l'horlogerie, est pointée comme étoile de première grandeur.

Promenant nos regards dans cette enceinte, où sont accumulés tant de petits chefs-d'œuvre, nous parcourons toutes les vitrines sans nous lasser aucunement; l'attention, enchaînée par une admiration soutenue, fait oublier la fatigue.

Genève est, et restera longtemps encore, le centre où se fabrique ce qu'il y a de plus beau, de plus riche, de plus précis, en horlogerie portative.

C'est en profitant des avantages des produits, des pièces détachées, qui peuvent être manufacturées, sans préjudice de la qualité, que les fabricants genevois ont simplifié, ont amélioré même leur genre d'établissage, et qu'ils ont pu abaisser leurs prix dans une certaine mesure.

Il est évident que les mouvements de 4 lignes, 5 et même 10 lignes, que les montres-bijoux, ornées de pierreries, de peintures délicates et artistiques, ne peuvent se faire à la machine et seront toujours d'un prix très élevé, parce que le talent, la main-d'œuvre habile de l'ouvrier travaillant à des pièces d'une structure si délicate, parce que le pierriste enchâssant admirablement ses joyaux, parce que le peintre en émail, qui décore si richement les boîtes, parce que, disons-nous, tous ces artistes qui coopèrent à la construction, au fini de ces admirables objets, sont des artistes d'élite, qui sont rares, et dont le talent se paie cher, très cher.

Outre la vitrine de MM. Patek, Philippe et Cie, nous nous sommes arrêtés longtemps devant celle de M. Dufour et Cie, de M. Golay-Leresche, et celle de M. Zentler.

Nous garderons un agréable souvenir de notre visite à ces charmantes et ravissantes miniatures, à ce beau travail de pièces compliquées, à la contemplation desquelles le bon goût s'améliore, la passion de l'art se développe.

Passant à un ordre de travail non moins admirable, mais celui-ci purement scientifique et mécanique, nous parlerons des montres compliquées, ingénieuses, des fabricants qui savent maintenir la haute réputation du Locle et de La Vallée, qui a fourni tant d'illustres praticiens à notre chère profession.

Ces continuateurs de la bonne tradition ont suivi le progrès et fournissent des blancs compliqués ou simples, répétitions à quarts, à minutes, chronographes, et quoique faits entièrement à la machine, le travail est d'un fini qui ne laisse rien à désirer.

Nous venons de citer la maison des Lecoultre et Cie, au Sentier, et celle de M. Jurgensen, au Locle, qui présente des répétitions à minutes, à cinq minutes, à grande sonnerie, d'une pureté d'exécution qui donne à ces maisons une haute réputation bien méritée.

M. Grandjean (Henry) aborde sans crainte la fabrication des chronomètres de bord, et nous sommes persuadé, étant donné le sentiment de l'art qui le guide, la passion même à bien faire, qu'il arrivera à fournir la marine, de concert avec les plus célèbres constructeurs de France et d'Angleterre.

M. Girard-Perregaux et Cie, à la Chaux-de-Fonds, ont des produits irréprochables, qui méritent les louanges des hommes compétents, ainsi que M. Humbert (Charles), de la même localité, et M. Lugrin, à Orient-de-l'Orbe.

Plusieurs de ces bonnes maisons que nous venons de citer montrent plusieurs pièces à échappement à tourbillon et à détente, sans doute pour témoigner de leur habileté, car la montre à échappement à ancre soignée règle aussi bien au porter et offre beaucoup moins de difficultés d'exécution.

Dans un genre de fabrication moins élevé, mais où l'on perçoit encore que ceux qui dirigent le travail possèdent ce qu'il faut pour lutter contre la décadence de l'art, tout en employant les moyens qui produisent beaucoup et à des prix relativement bas, nous sommes heureux de mentionner la manufacture de M. Francillon Ernest et Cie, de St-Imier, comme une des fabriques les plus importantes. D'après le catalogue officiel, sa production est d'environ 50,000 montres par an. Système interchangeable.

Nous appelons encore l'attention sur la maison Dubail-Monnin et Frossard, à Porrentruy, qui est aussi une grande manufacture de premier ordre dans la bonne qualité courante, et celle de M. Thommen, à Valdenburg.

Vient ensuite, d'après notre appréciation personnelle, les fabriques par procédés mécaniques et à pièces interchangeables de MM. Albert Jeanneret frères, à St-Imier; — Aubry, Graizely et Godat, à Ferrières, avec leurs montres à huit jours, calibre spécial, dont le balancier est visible à la place de la trotteuse ; — Favre-Jacot, au Locle, produisant par procédés mécaniques, jusqu'aux boîtes.

Pour terminer la nomenclature des fabricants les plus en renom, dans cette catégorie de produits manufacturés, nous citerons la maison de M. Vuillaumier, de Renan, qui expose des mouvements et des montres d'un bon courant et à des prix avantageux.

Montres anti-magnétiques.

L'emploi des dynamos ou machines productrices de l'électricité, se généralisant de plus en plus dans les grandes industries, dans les villes, sur les navires, tantôt pour force motrice, tantôt pour l'éclairage, il a fallu songer à soustraire les montres de l'influence magnétique si désastreuse pour leur réglage, même pour leur marche.

Plusieurs fabricants exposent des montres dites anti-magnétiques, dont les pièces composant l'échappement et la partie réglante sont faites d'un alliage de métaux sur lesquels le magnétisme n'a aucune action appréciable.

Il a fallu trouver un alliage pour le spiral dont le coefficient d'élasticité soit au moins de même valeur que celui de l'acier trempé et pour le balancier, un métal dont le coefficient de dilatation soit parfaitement défini.

La maison Patek, de Genève, présente des spiraux Mangor et Volfor.

Le Mangor est un alliage de manganèse et d'or. Le Volfor un composé de wolfram et d'or.

Le balancier Woltine veut dire que la platine et le Wolfram entrent également tous deux dans sa composition.

L'ancre et les plateaux de ces pièces sont faits d'un alliage dur, élastique, dans lequel entre en grande partie le cadmium. Cet alliage se nomme Cadmine et n'est aucunement sujet à l'aimantation.

Ces courtes explications pourront suffire à nos lecteurs, pour les mettre au courant de ces nouveaux noms de métaux employés pour la construction des pièces anti-magnétiques, qui ne sont pas des noms propres, comme on est porté à le croire, sauf le spiral Paillard, qui porte le nom de son inventeur.

Quant à connaître la composition exacte de ces différents alliages, il ne faut pas y compter ; là encore, il y a secret de métier.

Nous avons vu dans la galerie des machines, perdue au milieu de puissants instruments électro-magnétiques, une vitrine collective dans laquelle se trouvaient quelques montres et différentes pièces détachées d'échappements et des spiraux de la maison Patek, Philippe et Cie, — Agassis et fils, de Saint-Imier, — Uhlmann, de Chaux-de-Fonds, — Reymond, à Saint-Imier, — Ernest Francillon et Cie, — Longines, à Saint-Imier, — F. Bachmid, à Bienne, — Veidemann et G. Sandoz.

Cette vitrine est destinée aux expériences auxquelles nous n'avons pu assister, mais qui démontrent assurément que les chronomètres peuvent rester impunément, sans altération du réglage, dans un champ magnétique de n'importe quelle puissance.

Ce problème est donc résolu.

*
* *

Nous ne quitterons pas cette enceinte sans donner un témoignage d'admiration et de gratitude à tous ces hommes de cœur et de courage pour les moments agréables que nous avons passés à contempler les œuvres dues à leur talent et à leur génie.

Nous regrettons que la statue de Dianiel Jean Richard, que nous avons pu saluer dans la galerie des Beaux-Arts ; et dont l'original est érigé sur une des places de Neuchâtel ne soit pas là, au milieu de ses descendants, au milieu de ces artistes, à qui il a inspiré l'amour du travail et la persévérance à vouloir faire mieux ; au milieu de cette concentration d'œuvres choisies, de cette riche industrie Neuchâteloise dont il a été le premier initiateur.

IX

En dehors de la Suisse, les exposants étrangers ne sont pas nombreux dans l'industrie horlogère. Cependant, l'Angleterre mérite une mention toute spéciale pour les beaux spécimens qu'elle a bien voulu nous envoyer.

La maison Kulberg, suivant l'appréciation des vrais connaisseurs, est la première fabrique de chronomètres de bord du monde entier; non seulement pour la qualité, la belle structure de ses magnifiques pièces, mais aussi pour la quantité considérable qu'elle livre à toutes les marines militaires et marchandes.

La vitrine de MM. Rotheram et Sons, à Conventry, contient des montres d'or et d'argent, des chronomètres de marine et de poche qui sont bien des chefs-d'œuvre en travail d'horlogerie.

Les Anglais ne possèdent pas, comme les Suisses et comme nous, ce sentiment de coquetterie qui pousse à l'exécution de ces pièces microscopiques d'une finesse et d'un goût inimitables dans la décoration des boîtes, mais, pour la main-d'œuvre mécaniqué, nous ne pouvons mieux faire.

L'Autriche, la Suède, la Belgique, l'Espagne possèdent aussi leurs artistes dans l'art de diviser le temps ; mais leurs produits, quoique artistiques et bien conçus, ne possèdent pas ce quelque chose qui promet pour l'avenir.

Et... l'Amérique, ce pays des prodiges, passé maître dans l'art des réclames, n'offre aux yeux étonnés — à part la grande maison Tiffany, qui expose quelques régulateurs assez bizarres à trois et quatre balanciers — qu'une boutique ouverte aux acheteurs, que le bon marché attire plutôt que la qualité; car la montre Waterbury, dont nous parlons, est loin de valoir les produits les plus inférieurs que la maison Japy frères fabrique spécialement pour l'exportation et qui sont encore meilleur marché. La concurrence américaine n'est donc pas à craindre, quant à présent, sur notre marché avec de tels articles.

X

Enseignement professionnel, Ecoles.

Ce titre : *Enseignement professionnel*, suffit pour nous rappeler un passé à nous autres vieux praticiens. Si nous jetons un regard en arrière, nous voyons un homme jeune encore, plein d'ardeur, plein de foi en l'avenir, qui, une plume ou le compas à la main, travaille pour la jeunesse, pour lui insinuer ce qu'il faut acquérir de connaissances en géométrie, en mathématiques, en mécanique, pour devenir un bon horloger, un artiste distingué.

Cet homme de bien, ce cœur tout dévoué à l'art, a passé son existence à travailler pour l'avenir et, à l'heure qu'il est, où tant d'autres de ses contemporains qui ont vielli avec lui se reposent, comme il aurait bien le droit de le faire, lui, dont les cheveux ont blanchi à ce labeur ingrat, travaille encore pour les générations futures.

Il est de toute justice qu'avant de commencer les lignes qui vont suivre, nous adressions un témoignage de notre profond respect, de notre vive gratitude à l'homme qui a tant contribué en France à répandre la lumière, les connaissances techniques, qui a élevé bien haut l'art chronométrique.

M. Claudius Saunier, ce savant de qui nous parlons, a le caractère de tous ceux qui ont une foi inébranlable dans le but qu'ils veulent atteindre, ils n'ont qu'une pensée, la leur ; qu'une tactique, la leur ; celle de vouloir faire le bien, et si partiellement ils se trompent, — ce qui peut arriver aux savants comme aux autres — ils ne veulent pas en convenir ; ils se raidissent dans leur idée fixe, ne veulent pas sortir d'un pas de la ligne qu'ils se sont tracée.

Voilà ce qui a nui quelquefois à notre vénéré maître, ce qui l'a mis parfois en lutte avec d'autres artistes, non moins ardents que lui et qui visent aussi au même but, mais sous un angle différent, étant placés à un autre point de vue.

Mais ces petits travers inhérents à l'humanité peuvent-ils enlever le moindre fleuron à la gloire qu'il a su conquérir, amoindrir le sentiment de respect et de reconnaissance que nous lui devons? Non, cent fois non; notre respect, notre estime, notre admiration et notre gratitude serviront de piédestal à son apothéose.

Ceci dit et le cœur soulagé d'un devoir que nous avions à remplir, nous continuons notre mission.

*
* *

Nous n'en sommes plus à douter de l'heureuse et bienfaisante influence de l'enseignement professionnel. C'est un fait acquis depuis longtemps et tous nos efforts doivent tenter à l'étendre, à l'améliorer.

C'est en formant les jeunes générations, c'est en augmentant la somme de leur savoir, de leurs facultés, c'est en fortifiant l'intelligence et le corps par la gymnastique d'un bon travail intellectuel et manuel, basé sur des méthodes raisonnées, qu'on en fera plus tard des hommes prêts pour le grand combat de la vie. C'est toujours aux plus forts, on le sait, et aux mieux armés qu'appartient la victoire.

Combien de grandes intelligences seraient restées dans l'obscurité, dans l'oubli, si elles n'étaient venues se développer, s'épanouir à la chaleur bienfaisante du travail. Qu'il y en aurait, par ce fait même, de belles inventions utiles au bien-être général, qui seraient restées dans le néant!

Combien aussi de ces êtres richement doués vivent et meurent sans avoir rien produit, tout simplement parce que le chef de famille n'a pas étudié, n'a pas compris l'aptitude spéciale de chacun de ses enfants et les a lancésdans la voie contraire à leur goût, à leur disposition naturelle.

La nature capricieuse dans ses formes comme dans ses allures, l'est au moins autant dans sa générosité envers les êtres qui naissent. Aux uns, elle donne beaucoup, aux autres peu et à quelques-uns rien, que le don de vivre et de vivre malheureux.

Les uns naissent avec les avantages de l'esprit, les autres avec les avantages du corps. Les uns viennent rachitiques, difformes, les autres ronds d'embonpoint, bien faits, pleins d'espérance pour l'avenir; fortement constitués, quoique délicats d'allure comme ils le seront plus tard de sentiments quand les facultés seront écloses.

Ceux-là sont les bienheureux, sont les privilégiés, car ils naissent avec les dons de la fortune, naissant avec les avantages qui la procurent aisément. Malheureusement trop souvent, ces natures fortunées, ces natures d'élite, sensibles à toutes les émotions, jouissent plus profondément que les autres et préfèrent par celà même, les joies faciles, les plaisirs mondains.

Ils pourraient facilement, par un peu de travail, arriver au sommet de l'échelle sociale dans la carrière qu'ils embrasseraient, pourvu qu'elle touchât à leur aptitude; mais ils préfèrent faire servir leur sensibilité exquise à jouir. Ils s'abandonnent, au lieu de réagir contre cette tendance funeste qui les avachit, en émoussant les qualités précieuses qu'ils ont reçues à profusion. Ah! qu'ils sont coupables ces êtres qui tiennent en leur pouvoir tout ce qui peut faire le bonheur de la vie, et peut-être celui de ceux qui les approchent. Ils laissent tout échapper pour jouir individuellement. Egoïstes qu'ils sont! Ils s'atrophient, puisqu'ils ne comprennent plus que l'homme se doit à ses semblables, que la richesse intellectuelle, qu'ils ont reçue de la nature, doit servir, non seulement à eux-mêmes, mais qu'elle doit servir aussi à faire un peu de bien aux autres. Ils s'atrophient, puisqu'ils ne comprennent plus que l'avenir va leur échapper, que dans la débauche des passions malsaines, tout ce qu'ils ont de précieux va s'éteindre, et qu'ils termineront leur existence malheureuse, plus pauvres que ceux qui sont nés sans aucun avantage naturel.

C'est par l'éducation bien dirigée, puis par l'instruction bien comprise, qu'on a fait aimer le travail à des jeunes gens enclins à la paresse et à ses funestes conséquences.

Laissons aux pères de famille, soucieux de l'avenir de leurs enfants, le soin de l'éducation première, et soyons prêts à les recevoir, quand on nous les confie, pour l'instruction ou l'enseignement professionnel.

La tâche est rude et la responsabilité effrayante pour l'homme de cœur, qui a le sentiment de son devoir. En effet, à l'âge où l'on confie l'enfant au maître d'apprentissage ou aux écoles professionnelles, de

14 à 18 ans, si le jeune homme est d'une bonne nature, il est encore une pâte tendre, malléable, qu'on pétrit facilement. Si le patron ou l'institution ne se trouve pas à la hauteur de sa mission, l'enfant souffre de toutes façons : son intelligence, au lieu de s'ouvrir, s'étiole ; son savoir-faire, mal dirigé, s'égare ; ses sentiments de juger le bon ou le mauvais travail se pervertissent, et son existence tout entière peut être compromise pour avoir passé trois ou quatre ans chez un patron incapable.

Justement émus des nombreux apprentissages qui se font à la diable, et de ces nombreux ouvriers qui n'ont que le talent de gâter ce qu'ils touchent, les véritables artistes, les conservateurs des bonnes traditions ont cherché un remède à cet état de choses.

Comprenant que, pour qu'un apprentissage soit bon, il fallait qu'il fût réglementé sur de bons principes, avec des méthodes théoriques et pratiques raisonnées, qu'il fallait, en un mot, des institutions où l'élève pût apprendre chaque partie d'un maître-professeur spécialiste, ils ont fondé des Ecoles d'horlogerie.

La Suisse, toujours notre devancière dans cette industrie, en compte au moins sept, qui sont, par ordre alphabétique : Bienne, — Chaux-de-Fonds, — Fleurier, — Genève, — Le Locle, — Neuchâtel, — Saint-Imier. La France trois : Besançon, — Cluses, — Paris.

Presque toutes ont exposé les produits de leurs élèves, qui dénotent, d'une façon incontestable, la supériorité de ce système d'apprentissage : une habileté de mains remarquable, une théorie de principes mécaniques fort bien dirigée et consciencieusement étudiée, en un mot, une direction savante dans la marche des études théoriques et pratiques.

Le peu de critique qui aurait prise — car on peut toujours critiquer — est largement paralysé par les chaleureuses félicitations que méritent les professeurs.

C'est en examinant avec attention les travaux remarquables exécutés par les élèves des écoles du Locle et de Genève, qu'on applaudit de tout cœur les innovateurs des écoles d'horlogerie. Oui, on pressent que les rénovateurs de la chronométrie moderne sortiront de ces écoles et que le nouveau se fera toujours dans le sens du véritable progrès.

Pourquoi, ces jeunes gens habitués à bien faire, imbus des bons principes qu'ils y ont puisés et avec lesquels désormais ils sont identifiés, pourquoi, une fois livrés à eux-mêmes, dévieraient-ils de la route si large, si belle qu'on leur a tracée et dans laquelle la science qu'ils ont acquise leur aplanit les difficultés ; pourquoi en sortiraient-ils, pour se lancer dans les chemins tortueux, dans les ornières qui cachent des précipices où peuvent être engloutis leur savoir, toutes les peines qu'ils ont eues à l'acquérir et même leur dignité professionnelle ?

A cette Exposition universelle si brillante de toutes façons, plusieurs nations, en apportant leurs produits merveilleux, ont tenu à montrer les Ecoles qui formaient leurs artistes. C'est un fait qui témoigne de leurs efforts dans cette voie saine et féconde.

Pour ne pas sortir de notre mission, nous ne parlerons que des Ecoles d'horlogerie ; cependant que de bonnes leçons nous prendrions en étudiant les principes de ces grandes écoles des Beaux-Arts, des arts et manufactures, etc., en dehors, c'est vrai, de notre profession, mais dont les principes s'y rattachent essentiellement par la manière de diriger, d'insuffler pour ainsi dire dans les jeunes cerveaux, l'amour de leur art, le sentiment élevé du beau.

*
* *

Les écoles d'horlogerie françaises sont au nombre de trois, nous les avons citées; une quatrième, moins importante, dûe à l'initiative privée, dirigée par un homme de talent, de foi sincère, qui suffit à tout, c'est celle d'Anet (Eure-et-Loir).

M. Alfred Beillard, fondateur et directeur, est un artiste bien inspiré, qui a compris qu'à côté des grandes écoles d'horlogerie, qui formaient des ouvriers d'élite, des mécaniciens émérites, il fallait des institutions plus modestes, où les jeunes gens, en apprenant aussi les vrais principes de notre profession, apprissent à réparer convenablement, proprement, en un mot, à entretenir la marche des divers mécanismes horaires grands et petits.

Le rhabilleur, le modeste rhabilleur est sans contredit le complément, l'auxiliaire nécessaire, indispensable du fabricant, pour que les mécanismes de ces derniers soient viables. Il est le continuateur du repasseur, puisqu'il doit conserver l'harmonie des fonctions de ces mécanismes, ou la rétablir quand, par une cause quelconque, elle cesse d'exister. Il lui faut donc une somme de savoir assez élevée, des connaissances en mécanique assez étendues, une main d'artiste pour retoucher ou refaire les pièces que l'usure ou le bris ont mises hors d'usage et une expérience consommée pour corriger les défauts de construction, soit dans les engrenages, soit dans les échappements, soit enfin dans les organes des pièces compliquées, répétitions, chronographes, etc.

Ces notions, cette habileté de main ne peuvent s'acquérir que par un bon apprentissage soit dans les écoles, soit chez un patron très consciencieux et habile lui-même.

Malheureusement, ils sont rares. Les véritables artistes de province ne se soucient pas de faire des apprentis. Il faut des cœurs généreux, chez qui l'amour de la profession les pousse dans cette vocation, car c'est réellement une vocation que de se dévouer à former des jeunes gens, simplement par sentiment de faire le bien. Ce n'est pas la faible rémunération que les patrons touchent qui offre de grands bénéfices.

Nous revenons aux grandes écoles d'horlogerie françaises. Celle de Cluses est une institution relevant directement du Gouvernement. Sa vitrine à l'Exposition est éloignée de la Classe XXVI. Il faut aller la chercher dans la section de l'enseignement technique, où elle a dû échapper, par cela même, à l'examen d'un Jury compétent. Quoiqu'il en soit, nous connaissons de vieille date le haut mérite du savant qui la dirige et nous étions sûrs d'avance que tous les travaux exposés confirmeraient la bonne opinion que nous avions sur cette école. Tout a été admiré par les connaisseurs qui l'ont visitée.

Nous trouvons à quelques pas de là et dans la même section, l'Ecole d'horlogerie de Paris, fondée par l'initiative privée et reconnue d'utilité publique en juillet 1883; en attendant qu'elle soit définitivement adoptée par le Gouvernement.

Cette école, nous la connaissons tous, nous connaissons la valeur de ces hommes courageux qui ont travaillé, lutté et ont réussi à fonder un institut modèle.

Cette belle réussite n'est-elle pas due à la foi inébranlable de son directeur, M. Rodanet, que les difficultés incessantes qu'il a eues à surmonter, loin de le décourager ne faisaient qu'exciter son ardeur, qu'animer son courage? C'est lui, d'après l'aveu même de ses collaborateurs dévoués, c'est lui qui a fondé l'Ecole d'horlogerie de Paris, comme Eiffel a construit sa tour; c'est-à-dire qu'il a su s'entourer de collaborateurs de mérite, comme Eiffel d'ingénieurs distingués; qu'il a fait passer ses convictions ardentes dans le cœur de son entourage, qu'il a su se choisir. Tous alors, ne faisant qu'un, la lutte devenait plus facile et le triomphe plus certain.

Le triomphe, il est là, à l'Exposition de 1889; c'est le résultat obtenu par les mombreux élèves qu'elle forme, par la somme des travaux remarquables exposés dans la vitrine de l'enseignement technique et dans la vitrine Classe XXVI, depuis le plus simple outil jusqu'au chromomètre de bord et de poche.

L'examen de ces chronomètres a fait pousser des exclamations de doute à des artistes de notre profession, qui ne peuvent croire que ce sont là ouvrages d'apprentis.

Il est certain que tous les élèves ne sont pas à même de couronner leur apprentissage par la construction d'un chronomètre irréprochable ou d'une belle pièce compliquée; mais il est facile cependant de s'en rendre compte, en suivant l'élève dans ses travaux depuis le commencement.

Par la direction savante qui le guide, par les principes raisonnés qui lui sont donnés à tous instants, on suit pas à pas la marche progressive de ses connaissances, de son habileté à se servir de la lime et du tour.

La première année paraît lente, la deuxième s'accentue davantage et les progrès de la troisième et de la quatrième sont surprenants, c'est vrai, mais se conçoivent facilement.

Au reste, ce qui arrive pour cette école, arrive également, si on visite les écoles des Beaux-Arts, celle des Arts et Métiers, les écoles de manufactures de Sèvres, etc., partout nous trouvons des travaux d'élèves qui excitent l'enthousiasme.

Tout cela vient d'un enseignement rationnel et méthodique.

Mais dira-t-on ces écoles ne sont pas ce que nous rêvons, ne sont pas faites pour les rhabilleurs.

Le peu d'élèves qui se destinent au rhabillage après avoir passé trois ou quatre ans dans ces écoles, après avoir coûté cinq ou six mille francs à leurs parents, ne peuvent gagner leur vie en province ; il leur faut un supplément d'apprentissage. Plus tard, certainement, ces jeunes gens, font d'excellents horlogers, aimant à faire du bon travail et aimant aussi à ne vendre que de la bonne horlogerie.

Nous avons dit le peu d'élèves qui se destinent au rhabillage, et nous maintenons l'expression, car le grand nombre reste en fabrique, chacun s'adonnant à la partie qui lui plaît davantage et dans laquelle il a réussi le mieux. Plusieurs, même sortant de l'école de Paris, sont entrés dans la télégraphie, dans la fabrication délicate des instruments d'optique, de physique, d'astronomie. Ceci est un bon point pour l'école de Paris, mais ne fait qu'effleurer nos espérances.

Nous voudrions des écoles d'apprentissages, comme l'est celle d'Anet, comme l'est celle que nous possédons à Lyon, dont le directeur est un artiste de mérite qui a fait déjà de nombreux et bons rhabilleurs.

Nous voudrions des écoles accessibles à toutes les fortunes, à tous les jeunes gens que le goût, les aptitudes destinent à cette profession.

Nous serions heureux de voir s'organiser sur plusieurs points de la France de semblables institutions, dont les directeurs, artistes de talent, se dévouassent tout entiers à leur noble mission. Nous aurions bientôt une pléiade d'excellents ouvriers à qui on pourrait confier sans crainte de belles montres à réparer.

Mais comment y arriver ? C'est une question posée l'année dernière par notre Chambre syndicale et mise au concours.

Deux ou trois artistes ont répondu par des mémoires d'une certaine valeur, mais dont l'application ne paraît pas suffisamment pratique. Nous ne nous lasserons pas et nous reviendrons sur ce sujet, parce que nous sommes pénétrés de son importance; l'avenir de notre profession s'y trouvant engagé, nous ne pouvons abandonner cette question au premier essai.

Nous nous sommes éloignés de notre visite aux écoles et cependant il y a encore celle de Besançon, qui certes a son importance, étant donné le milieu dans lequel elle existe et les magnifiques travaux qu'elle a exposés.

Besançon, avons-nous déjà dit, est un centre d'établissage des mieux organisés, dont les progrès sont incessants, mais qui souffre en ce moment de la concurrence des grandes fabriques de produits manufacturés. Malgré tout, ce centre travailleur et innovateur est à la hauteur, s'il ne dépasse tous ceux qui établissent comme lui.

Cette transformation de produits par les machines, qui l'a surpris mais non découragé, demande maintenant une transformation dans la manière de former la jeunesse, et son Ecole, sur laquelle elle compte, et avec raison, lui donnera, avant peu, de jeunes ingénieurs, d'intelligents mécanicien et d'habiles horlogers, qui rendront à leur pays le prestige auquel il a droit.

Le zèle de son éminent directeur, M. Lossier, l'art méthodique et rationnel avec lequel il dirige l'enseignement technique, que nous avons pu constater à l'examen des travaux manuels et graphiques, exposés dans une vitrine Classe XXVI, prouvent surabondamment que cette Ecole donnera largement ce qu'on attend d'elle.

*
* *

TABLE DES MATIÈRES

33.788. — Imp. Waltener et Cie, rue Belle-Cordière, 14. — Lyon.

Planche I

Fig. 1

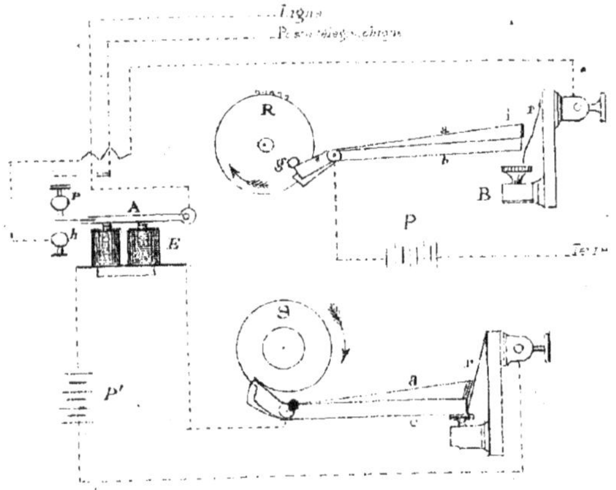

Fig. 2

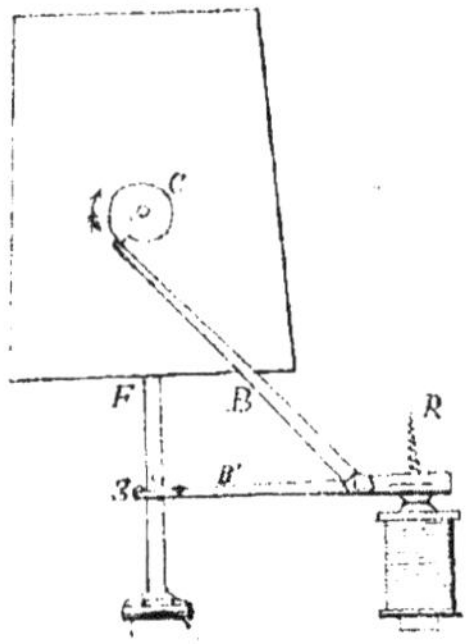

Planche II

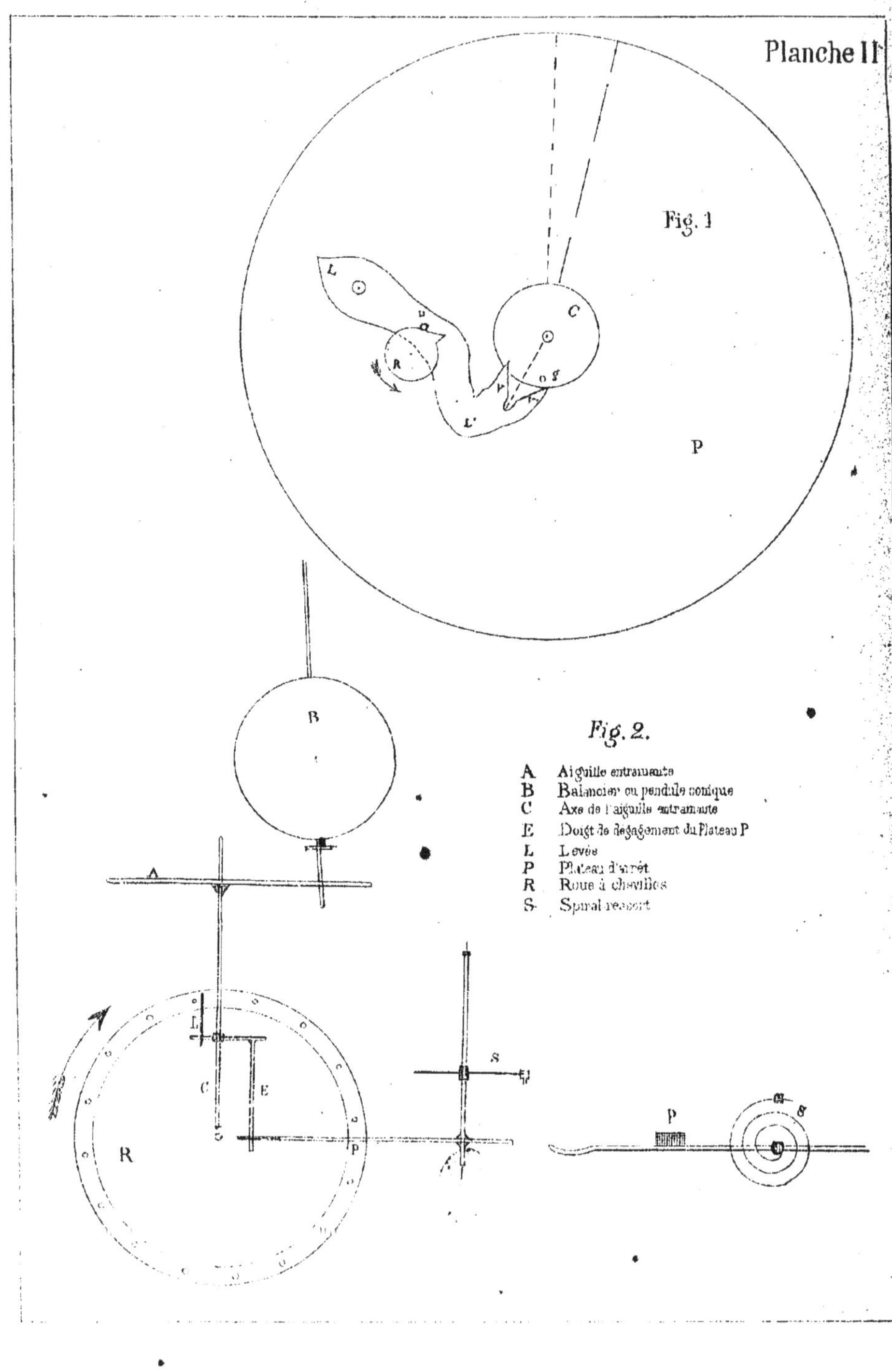

Fig. 1
L
a
R
C
g
L'
P
B
Fig. 2.
A Aiguille entraînante
B Balancier ou pendule conique
C Axe de l'aiguille entraînante
E Doigt de dégagement du Plateau P
L Levée
P Plateau d'arrêt
R Roue à chevilles
S Spiral ressort
A
L
C
E
R
p
S
P
g

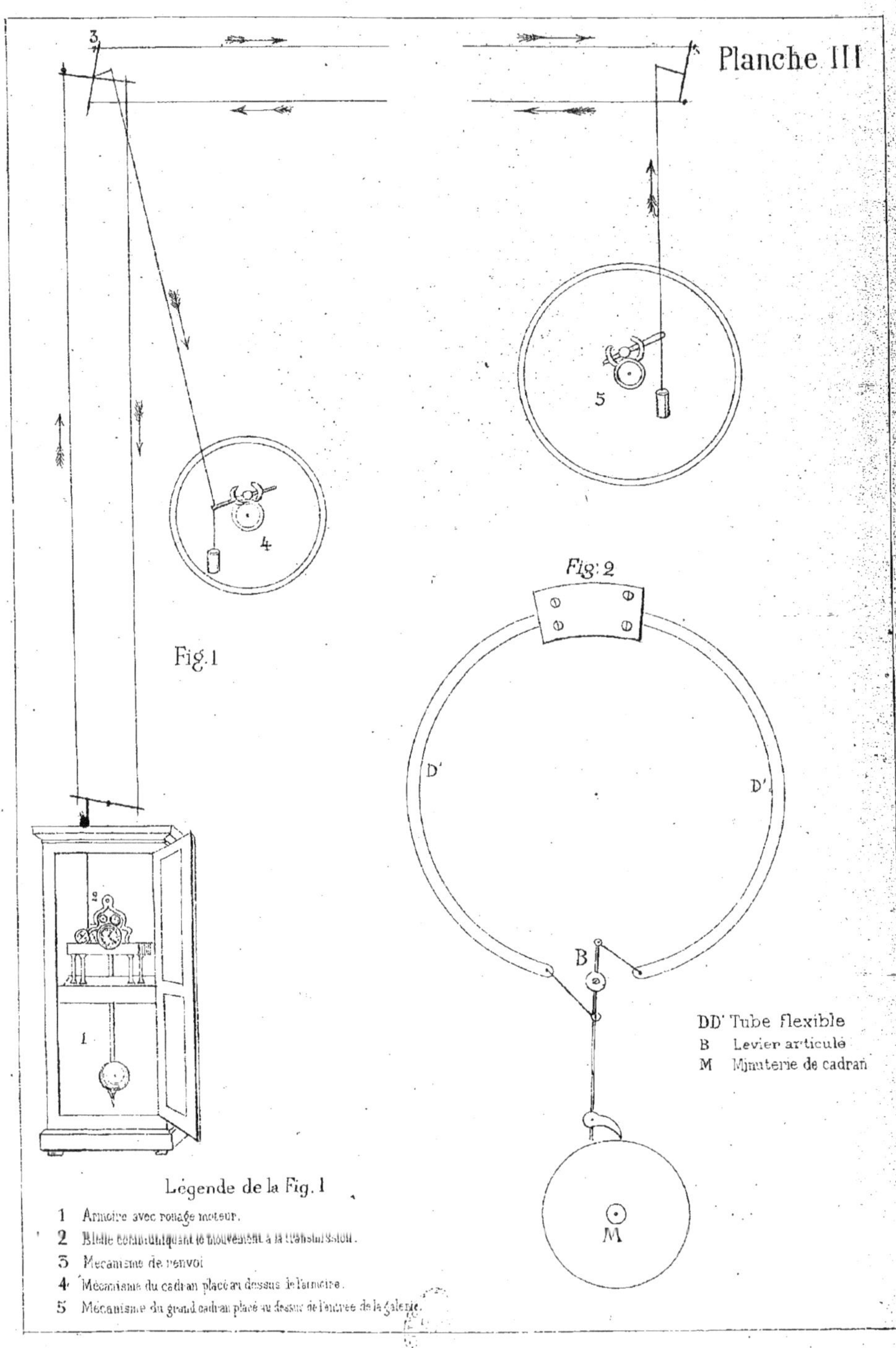
Planche III
3
4
5
Fig. 1
1
Fig: 2
D'
D'
B
M
DD' Tube flexible
B Levier articulé
M Minuterie de cadran
Légende de la Fig. 1
1 Armoire avec rouage moteur.
2 Bielle communiquant le mouvement à la transmission.
3 Mécanisme de renvoi
4 Mécanisme du cadran placé au dessus de l'armoire.
5 Mécanisme du grand cadran placé au dessus de l'entrée de la galerie.

Planche IV

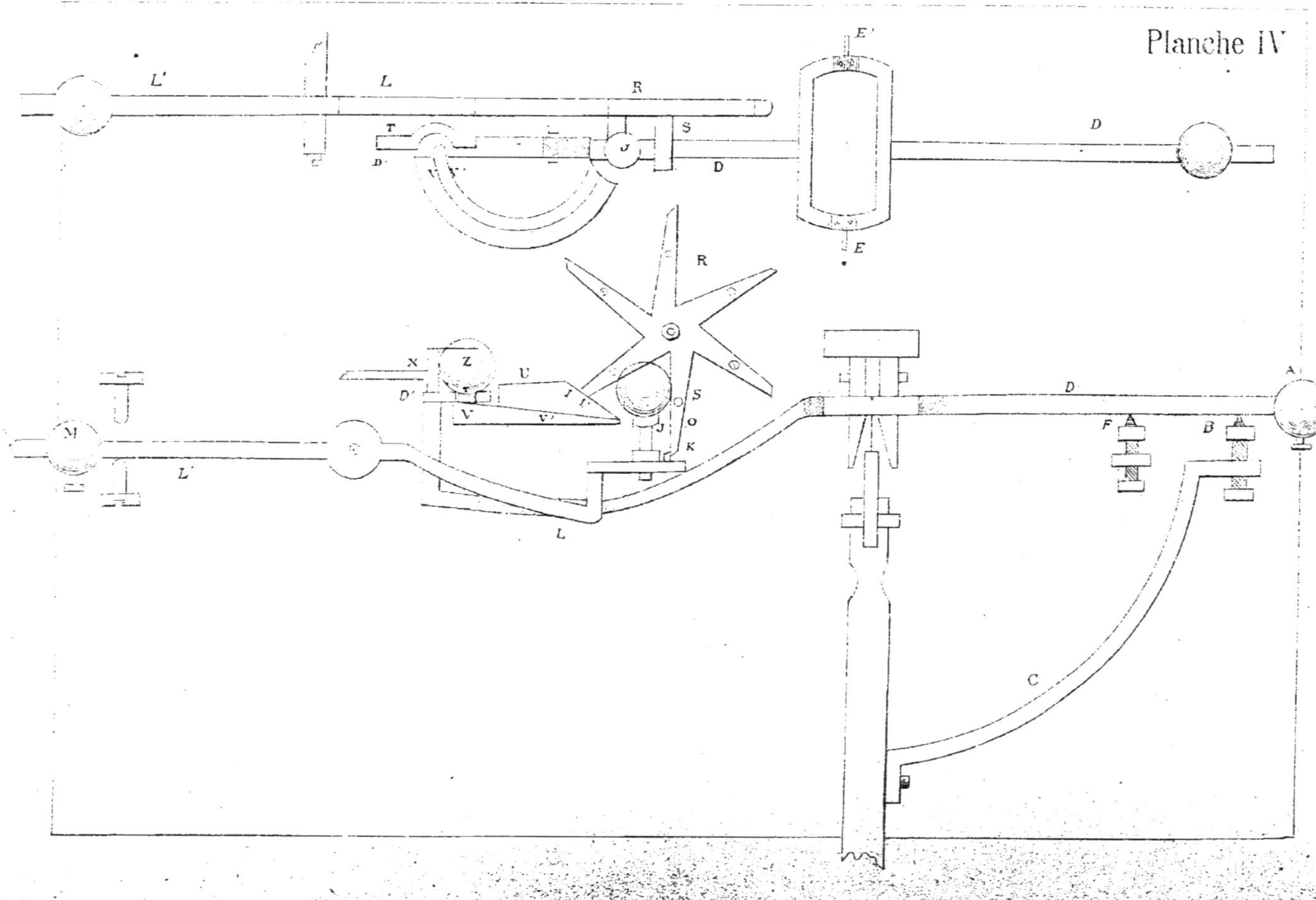

www.ingramcontent.com/pod-product-compliance
Ingram Content Group UK Ltd.
Pitfield, Milton Keynes, MK11 3LW, UK
UKHW021007200726
13857UKWH00004B/1321

9 782012 935013